U0256633

与生物学家一起读《爱丽丝梦游仙境》

［法］安妮–塞西尔·达加耶夫
［法］阿加莎·利埃万–巴赞 /著

刘可澄/译 李旭/审校

中国科学技术大学出版社

安徽省版权局著作权合同登记号：第 12242171 号

内 容 简 介

本书结合现代科学发现、科学史重新讲述爱丽丝的奇幻世界中茶会、三月兔、疯帽子、渡渡鸟等的故事，研究奇怪的动物行为以及关于植物的鲜为人知的事实，搭起奇幻仙境与真实世界的桥梁。这种全新又有趣的童话阅读方式，能让我们探索到自然界许多令人惊奇的方面。

图书在版编目(CIP)数据

与生物学家一起读《爱丽丝梦游仙境》/（法）安妮-塞西尔·达加耶夫，（法）阿加莎·利埃万-巴赞著；刘可澄译. -- 合肥：中国科学技术大学出版社，2024.10. -- ISBN 978-7-312-06051-9

Ⅰ. Q-49

中国国家版本馆 CIP 数据核字第 2024ZC1655 号

与生物学家一起读《爱丽丝梦游仙境》
YU SHENGWUXUEJIA YIQI DU《AILISI MENGYOU XIANJING》

出版	中国科学技术大学出版社		
	安徽省合肥市金寨路 96 号,230026		
	http://press. ustc. edu. cn		
	https://zgkxjsdxcbs. tmall. com		
印刷	合肥市宏基印刷有限公司	**字数**	163 千
发行	中国科学技术大学出版社	**版次**	2024 年 10 月第 1 版
开本	880 mm×1230 mm 1/32	**印次**	2024 年 10 月第 1 次印刷
印张	8.5	**定价**	58.00 元

前　　言

　　我们俩都是动物行为学博士，相识于图卢兹厄河咖啡馆的一次活动上。 当时，厄河咖啡馆刚开张不久，是法国第一家科学咖啡馆。 那次活动的主题是"不受欢迎的动物"，大家很快便热烈地讨论起来！ 而我俩更是像喜鹊一样，叽叽喳喳地聊个不停，从乌鸦和苍蝇聊到动物科普与动物研究。 彼时，阿加莎刚在图卢兹安顿下来，正准备开展独立科普事业，而安妮-塞西尔正忙于应聘图卢兹自然历史博物馆的工作。 我们俩相见恨晚！ 我们都是三十出头的年轻人，喜欢一样的流行文化，热爱各种小动物，渴望把对生物世界的喜爱之情分享给大家。 我们终会在某一时刻携手做些什么，这显而易见。

　　几个星期后，安妮-塞西尔有了一个绝妙的点子：用迪士尼的经典动画电影科普动植物知识。 若想让尽可能多的人对科学感兴趣，还有什么比塑造了我们童年的作品更有号召力呢？ "重述童话故事的晚间讨论"就此诞生。 讨论的原则是什么呢？ 原则是：以现代的、脱离童话世界的语言，从科学的视角重述童年经典动画电影的真相。 举几个例子：《狮子王》的故事发生在非洲，可电影开头却出现了美洲的切叶蚁；娜娜和辛巴或许是同父异母的兄妹；小丑鱼尼莫的妈妈死去后，爸爸玛林理应变成妈妈。 这些你都知道吗？

经过一次次晚间讨论，我们的收获颇丰，并且吸引了不少好奇的人。 他们此前虽然了解这些电影，但不一定对自然科学感兴趣。 这些收获实在令人开心，我们大功告成！

那些讨论充满魔力，我们希望延续这场冒险，将其延伸到纸张上。 期待你能和我们一起，激情满满地跃入爱丽丝的奇妙世界，了解茶会、三月兔、疯帽子以及渡渡鸟的故事。 旅途愉快！ 对了，不要忘记：在这个世界里，所有人都是疯子！

内容导读

  《爱丽丝梦游仙境》可谓世界上著名的青少年读物之一，这一点毋庸置疑。即使没有读过原著，你肯定也知道故事中最具代表性的角色：毛毛虫、疯帽子、白兔、柴郡猫。1951 年，迪士尼将《爱丽丝梦游仙境》改编成电影，令许多人知道了这个故事。不过，让爱丽丝名声更响亮的改编版本还有很多，迪士尼电影绝不是唯一一个。第一部改编电影甚至可以追溯至 1903 年。如今，这个故事的改编版本已有十几个之多，改编形式包括戏剧、电影、动画片、连续剧、音乐短片、游戏等，不一而足！比如音乐人汤姆·佩蒂（Tom Petty）的音乐短片《别再来这里了》（*Don't Come Around Here no More*），在这支短片中，爱丽丝遭到了漫不经心的粗鲁对待；再比如科幻迷你剧《爱丽丝》；等等。改编版本层出不穷，丰富多彩！

  但回到最初，这本书讲的是什么呢？

带图片及对话的书

实际上，爱丽丝的冒险故事共有两卷：第一卷是《爱丽丝梦游仙境》，出版于 1865 年。第二卷是续集《爱丽丝镜中奇遇记》，出版于 1871 年。每一卷各计 12 章，书中插画由讽刺漫画家约翰·坦尼尔爵士（Sir John Tenniel）绘制，他的作品时常登上幽默杂志《笨拙》（*Punch*）。

爱丽丝是一个独立倔强的七岁女孩。一天，她正和姐姐享受美好的夏日时光，突然看见一只戴着怀表的白兔。她追了上去，不料却头朝下地跌进了兔子洞，踏上了第一次冒险之旅。爱丽丝来到一个混乱的世界，一切都没有了意义。她的身体猛地变大变小好几次，她还遇见了形形色色的角色，它们说着没头没尾的话，比如渡渡鸟、青蛙仆人与鱼仆人、抽水烟的毛毛虫、疯帽子、三月兔、睡鼠、记仇的鸽子、假海龟、狮身鹰面兽、顽皮又巨大的小狗、神出鬼没的柴郡猫，当然少不了公爵夫人，以及红心国王与红心王后那些被砍了脑袋的侍臣！故事的最后，爱丽丝睁开眼睛，发现这竟是一场梦。

第二次冒险之旅始于一个冬日的下午，爱丽丝正在客厅里烤火，猫咪黛娜和两只小猫——凯蒂与白雪陪在她的身边。穿过客厅的镜子，爱丽丝发现了藏在镜子后面的平行世界。在那里，她遇见了红棋王后（不要和第一卷书中的红心王后弄混了），并得知这个世界是一个大棋盘，每个人都必须遵守下棋的规则。爱丽丝的目标是前进到第八格，如果成功就能成为女王。这一次，她同样遇见了千奇百怪的角色和动物，包括变成绵羊的白棋王后、红棋国王以及国际象棋中的其他棋子，比如热心肠的白骑士，还有会说话的百合花等花朵、唠叨的飞虫、公山羊、与爱丽丝一同搭乘火车的小甲虫、打得不可开交的狮子和独角兽、向爱丽丝讲述了《海象与木匠》故事的叮叮和咚咚，以及童谣中的著名角色汉普蒂·邓普蒂。最后，爱丽丝从梦境里的棋局中醒过来，但她似乎还沉浸在那个梦里。

爱丽丝的故事一经出版，便大受欢迎。这部作品别出心裁，质量上乘，引得评论家交口称赞。1865 年夏天，麦克米伦出版公司发行了 2000 本，并数次加印。1886 年，发行数量突破 78000 本。如今，《爱丽丝梦游仙境》已被翻译成 174 种语言。

不过，这位善于运用那些难以翻译的双关语的创作者、彼时了不起的大人物、孩童的密友、奇幻宇宙与角色的开创者——刘易斯·卡罗尔，到底是何许人也？

谁是刘易斯·卡罗尔

难以想象，一个作者会和他的作品有巨大反差，但刘易斯·卡罗尔[原名查尔斯·路德维希·道奇森（Charles Lutwidge Dodgson）]就是这样一个作者。在外人眼中，他是

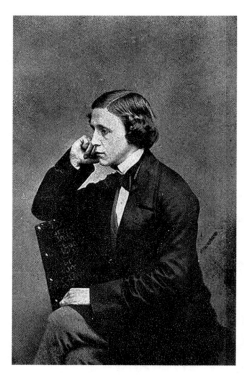

查尔斯·路德维希·道奇森
的自拍像，摄于 1855 年

谨言慎行的朴素男子，拥有一份正经的工作。 然而，他却开创了缤纷多彩的奇异世界。 1832 年，即维多利亚女王登基的五年前，查尔斯出生在英国北部，他家中有 11 个兄弟姐妹，他排行老三，也是年龄最大的男孩。 他是兄弟姐妹的开心果，会为大家创作各种小游戏，还会编排木偶剧。查尔斯体弱多病，年幼时的一场大病使他右耳失聪。 和家中的几个成员一样，他也有口吃，他喜欢将这种病症称为"犹豫"。 查尔斯的父亲名叫查尔斯·道奇森（Charles

Dodgson），是一个文化人，对数学有浓厚的兴趣。 他和妻子竭尽所能，在家中为孩子提供保守而又不失幽默的良好教育，教导他们虔诚向主。 查尔斯·道奇森是英国圣公会牧师，与家人居住于牧师住宅中。 查尔斯·路德维希·道奇森的童年看上去是无比幸福的，家庭氛围和睦，还能享受乡间野趣。

12 岁时，查尔斯入读寄宿学校，这是当地传统。 后来，他入读另外一所学校，在数学及神学科目上取得了出色成绩。 一到假期，查尔斯会在家中写作、画画，还会自己编撰杂志，供兄弟姐妹阅读。 他也会请兄弟姐妹帮忙一起编写杂志。 查尔斯编撰了 8 本插图文集，内含大量诗歌、荒诞不经的文段与俏皮话。 他从未停止创作看似有逻辑、实则荒谬怪诞的故事。 1851 年，19 岁的查尔斯考入距伦敦不远的牛津大学基督教会学院。 自 1855 年起，他开始在学院中教授数学。 牛津大学很特殊，既是一所教书育人的大学，也是一座祭拜神灵的教堂。 在那个年代，教育还带有宗教色彩。 因此，查尔斯不仅是数学教授，也是教会执事。 他既是教会的仆人，也是学生的仆人，不过没有人知晓他是否曾有过情感关系。

工作稳定后，查尔斯开始享受牛津与伦敦的文化社交生活，他经常前往剧院及博物馆。 同时，他没有停下写作，作品时常被刊登于伦敦的刊物上。 不过，查尔斯的道德观念较为僵化，担心发表这些作品会影响工作。 于是，除发表数学论文以外，他都隐去了真实姓名。有一段时间，他曾署名 B. B.。1855 年，查尔斯接受《火车》月刊的主管埃德蒙·耶茨（Edmund Yates）的建议，选择用刘易斯·卡罗尔作为笔名。

1856 年，是摄影刚刚起步的年代，查尔斯爱上了这门艺术，并发现自己在肖像摄影方面极有天赋。凭借精湛的摄影技术，他进入艺术家与知识分子的世界，为他们拍摄肖像，结交了许多朋友，包括著名诗人阿尔弗雷德·丁尼生（Alfredlord Tennyson）、拉斐尔前派①创始人威廉·霍尔曼·亨特（William Holman Hunt）与约翰·埃弗里特·米莱斯（John Everett Millais），以及牛津大主教塞缪尔·威尔伯福斯（Samuel Wilberforce）。而他的儿童摄影作品十分出名，他拍摄的主体多为小女孩。他与小朋友频繁通信，维系友谊，并常常因此与她们的家长相谈甚欢。

在这群时常为查尔斯做模特的小女孩中，有一个十分突出，她就是爱丽丝·利德尔（Alice Liddell）。

"真正的"爱丽丝与仙境的诞生

查尔斯在基督教会学院当了一年老师后，学院院长逝世。

---

① 艺术流派，画风浪漫复古，灵感源自古代及中世纪画作，多以仙女及神奇动物为主题，查尔斯极喜爱这种艺术风格。

爱丽丝·利德尔肖像照

摄影师：查尔斯·路德维希·道奇森

亨利·乔治·利德尔（Henri Georges Liddell）是一个年过四旬的男子，魅力十足，充满活力，主张改革。他赢得选举，成为新的院长，但查尔斯和他的关系并不融洽。在学院管理及宗教问题上，两个人常常意见相左。查尔斯以文笔犀利著称，他曾编撰小册子，猛烈抨击新院长的自由主义及改革主义。

　　虽然他们工作上的意识形态有所分歧，但这并不妨碍他们在私底下交流往来。很快，查尔斯就与利德尔夫妇的孩子打成一片，包括哈里、洛里纳、爱丽丝和伊迪斯（另外四个孩子在利德尔夫妇搬到牛津后才出生）。没过多久，查尔斯教授便开始带着几个孩子逛牛津城，有时与朋友一起带孩子出游。他们的足迹遍布大学博物馆、公园和植物园，他们甚至还会登上游船，畅游伊希斯河①。出游时，小朋友提出要听故事，查尔斯也乐于为他们编故事。他创造出转瞬即逝的奇妙世界，唯一的目的是让他的小听众们开心。若不是有一天，爱丽丝提议查尔斯把故事写下来，他会一直这么讲下去。听完爱丽丝的想法，查尔斯立刻开始提笔创作。

故事的第一个版本叫《爱丽丝地下历险记》（*Alice's Adventures under Ground*），共有 10 章，里面的许多角色都出现在最终版本里，包括白兔、假海龟、狮身鹰面兽以及红心王后。这本书全由查尔斯手写手绘。1864 年秋天，查尔斯将它送给了时年 12 岁的爱丽丝，并写下了这样一句话：送给亲爱的小朋友的圣诞礼物，纪念夏日中的一天。那时，查尔斯已萌生出版的想法，想让更多人读到自己的作品。一年后，最终版本出版，查尔斯在其中增添了几处可圈可点的内容。

与此同时，查尔斯与利德尔家的孩子见面次数有所减少。1863 年 12 月 5 日的日记提到，他在一场公开活动上碰见孩子们，但有意保持了距离，正如他一整个学期做的那样。查尔斯为什么要疏远这几个孩子，直到如今，仍没有

---

① 泰晤士河贯穿牛津城，伊希斯河是泰晤士河的支流。

与生物学家一起读《爱丽丝梦游仙境》

人知道确切原因。 查尔斯去世后，他的侄女销毁了几页日记。 消失的日记引得大家众说纷纭。 一份"重见天日"的文件对消失的日记做出解读，猜测他是因情感纠葛才与利德尔一家断了往来。 或是因为查尔斯曾与院长多次激烈争吵，又或是他编撰的小册子言辞太过尖锐，令他和院长一拍两散？ 一切皆有可能。 然而，即使查尔斯与利德尔家的关系不再亲密，但他偶尔还是会与几个孩子碰面。 1870 年，他甚至为时年 18 岁的爱丽丝拍摄了照片。 后来，他还曾询问爱丽丝，能否将书的摹本公开出版，爱丽丝答应了。 该书于 1886 年面世。

查尔斯·路德维希·道奇森以羽毛笔绘就的爱丽丝，
《爱丽丝地下历险记》插画

时间来到 1926 年，爱丽丝因生活窘迫，决定出售查尔斯赠予的珍贵手稿。 1928 年，一位美国收藏家以 15400 英镑在拍卖会上购得手稿，并于 1946 年以高达 50000 英镑的价格转卖。 后来，美国国会图书馆馆长卢瑟·埃文斯（Luther Evans）将这份手稿赠予英国，致敬英国人民在战争中做出的贡献。 这份手稿就如故事中的爱丽丝一样，几经波折，现在被藏于大英图书馆中。

查尔斯·路德维希·道奇森，一位保守的数学教师、维多利亚时代的典型人物 ——严于律己，拥有强烈的道德观念。 他拥有无懈可击的逻辑，为人（过于）严肃，甚至称得上阴沉。 直至今天，人们依旧认为科学家就是他这副样子的。 然而，他的作品却与他的形象有着惊人反差：色彩斑斓、充满新奇的幻想，结合了对科学知识的有趣调侃。 毕竟，现在仍然有人认为科学是无聊晦涩的。 爱丽丝的故事是一个很好的起点，它将领你踏上奇妙的科学之旅，探索仙境，认识其中的居民！ 就像爱丽丝所说的，"越奇越怪"。好奇的朋友们，出发吧！

目　　录

与生物学家一起读《爱丽丝梦游仙境》

第二部分　仙境中的茶话会

与生物学家一起读《爱丽丝梦游仙境》

第一部分

奇幻动物寓言

"假如你相信我，我也会相信你。"

第 1 章 变态与变形

　　所有这些变化真是让人迷惑不解！每时每刻，我都不能确定自己会变成什么样！①

---

　　① 本书对原著的引用来自张晓路翻译的《爱丽丝梦游仙境》(人民文学出版社，2018)，以及吴钧陶翻译的《爱丽丝镜中奇遇记》(上海译文出版社，2012)。

　　　　　　　　　　　与生物学家一起读《爱丽丝梦游仙境》

爱丽丝跌入白兔的兔子洞后，在仙境中经历了数次变化。她迅速地变小又变大，反复了好几次，最小时只有 25 厘米，最大时高达 2.75 米。这是怎么做到的？喝下小瓶子里的液体（有的瓶子上会写着"喝我"），吃蛋糕、吃蘑菇（蘑菇的一边会让人变大，另一边则会让人变小），或者扇白兔先生的扇子（会让体形迅速缩小），这些举动都能让身体发生变化。

不过，爱丽丝并不是唯一一个体形发生了变化的人物！第二卷《爱丽丝镜中奇遇记》中的红王后也明显变大了不少。书中是这么写的：

红王后的确是长大了：爱丽丝当初在灰烬里发现她的时候，她只有三英寸①高——可是现在的她呀，比爱丽丝本人还高出半个头哪！

这些变化突如其来，发生得毫无逻辑，就像我们在梦中会遇到的一样。在梦里，这种事情是完全正常的。刘易斯·卡罗尔在书中数次提到梦境。在第一卷书的结尾，爱丽丝从睡梦中苏醒，并对姐姐说："哦！我做了一个多么奇怪的梦！"第二卷书的结尾也是类似的：爱丽丝询问猫咪黛娜和两只小猫，它们在她的梦里变成了什么角色？爱丽丝还好奇地想知道，是谁做了这个梦。作者在结尾故弄玄虚地写道：你认为究竟是谁做的梦呢？

在梦境外的现实里，这种变化是真实存在的吗？在一天

---

① 1 英寸＝2.54 厘米。

或几秒钟内，生物真的能改变体形吗？有能一直长大的动物吗？爱丽丝提到的"变态"又是真的吗？这就是我们接下来要讨论的问题！

变成什么？

自欧洲古典时代起，已经有细心的人观察发现，部分昆虫的形态会发生极大改变。这让他们好奇不已，其中包括哲学家亚里士多德，他还是一位知名的博物学家。

从亚里士多德时期（前384年—前322年）开始，直到18世纪左右，人们一直相信"**自然发生**"学说，认为昆虫诞生于虚无，或是某种有机物，比如——粪便！大家都知道，粪便中会飞出苍蝇，但没人能给出确切解释。亚里士多德对这种"变态"进行了研究，他认为这不是什么魔法，只是众多**物种**的自然生命周期中的一个环节，是动物发育的必经步骤。只有经历了形态上的变化，动物才能完成发育，达到"完美"状态。

美国生态学家亨利·威尔伯（Henri Wilbur）在1980年的一篇文章中为"复合生命周期"（变态的同义词）下了定义：这是发生在动物发育过程中的一种变化，会改变个体的外观（形态）、内部功能（生理机能）及行为，并常常伴随着栖息地的变化。确实是动物生活中的一大改变呀！

人们观察发现，变态昆虫的卵形态与成年形态间存在着若干发育阶段,超过 80％的昆虫都如此,这无疑是一股潮流！不过,昆虫远非唯一一种会经历不同发育阶段的动物,以下动物也会:蛛形纲动物(比如蜘蛛与蝎子)、甲壳类动物(比如螃蟹)、两栖动物(比如蝾螈及欧螈),以及部分鱼类(比如鲑鱼及鳗鱼)。

最著名的变态过程莫过于青蛙和它的近亲蟾蜍的发育过程。前者出现在爱丽丝的仙境中,它们是红心王后的仆人,负责邀请公爵夫人参加槌球派对。在第二卷书结尾,爱丽丝还遇到了一只老青蛙。青蛙与蟾蜍都属于**无尾目**,成年后是没有尾巴的。而**有尾目**动物(蝾螈与欧螈)则不一样,成年后还留着尾巴。繁殖时,雌蛙会排出大量卵细胞,由雄蛙在体外授精。雄蛙会牢牢地抱着雌蛙,紧紧地贴在“小情人”的背上,这种姿势被称为**抱对**。当雌蛙将卵细胞排出时,雄蛙会使卵细胞受精。从蛙卵中孵化出来的是长着尾巴与鳃的蝌蚪,它们只生活在水下。

随着时间的推移,蝌蚪会发生惊人的变化:长出四肢与舌头,肺变大,鳃部消失,就连肠子的形状也会改变。虽然蝌蚪是素食动物,但是长大后的青蛙会变成肉食动物。一切变化都在短短的两三个月内完成,是不是很不可思议！

有的时候,动物的发育有着明确的阶段划分,这一点在节肢动物(昆虫、甲壳类动物及蛛形纲动物)身上尤为明显。这些动物的变态通过连续不断的蜕皮实现。它们的骨骼长在体外,而不像人类一样骨骼长在体内,所以只能靠换皮来长大。

经历变态发育后，改头换面的昆虫又可以分为两种：**不完全变态昆虫及完全变态昆虫。**

不完全变态昆虫从虫卵中孵化出来时，形态类似成虫，只是体形小得多（因此很容易区分）。它们会经历三大阶段：卵、若虫①及成虫。这些昆虫会通过连续蜕皮来成长，最后一次蜕皮最为重要，被称为"羽化"。它们成为成虫前，需要经历羽化。羽化后的昆虫才会真正地变态，获得成年形态的最终特征（比如生殖系统、翅膀等）！不完全变态昆虫包括蟑螂、螳螂、臭虫、蜻蜓以及直翅目昆虫，比如蟋蟀、蝗虫、螽斯等。直翅目昆虫在变态发育时，形态不会发生太惊人的改变：除了体形小且没有翅膀以外，从卵中刚刚孵化出来的若虫与成虫相差无几，它们渐渐长大，生活环境及行为不会发生太大变化，直到最后一次蜕皮时才长出功能性翅膀。

但是，对其他不完全变态昆虫而言，变化是翻天覆地的！比如蜻蜓与豆娘的若虫长有鳃，只生活在水中。它们是超级猎食者，使用锋利的足部抓捕猎物，并能将抓到的一切猎物统统吃掉。然后，它们会从水中来到陆地上，进行最后一次蜕皮。羽化完成后，蜻蜓与豆娘便配备了新的呼吸系统与翅膀，可以拥有全新的流线型身体了！

---

① 不完全变态发育昆虫的幼虫被称作若虫。——译者注

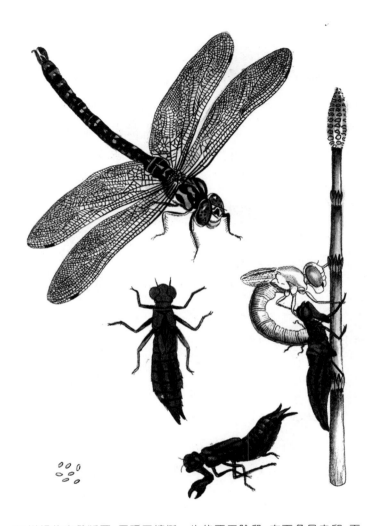

18世纪的自然版画,展现了蜻蜓一生的不同阶段:左下角是虫卵,下方是若虫,右侧是蜕皮中的蜻蜓,画面中间的是蜻蜓蜕下的皮,上方则是成年蜻蜓

科学家们总是热衷于使用复杂词语，想把一切打理得井井有条，于是，他们为各类不完全变态发育过程起了不同名称：如果幼虫与成虫的生活环境相同（比如螽斯一生都生活在陆地上），那么这种发育过程被称为**渐变态**；如果幼虫与成虫的生活环境不同（比如蜻蜓若虫生活在水中，而成虫飞在空中），那么这种发育过程则被称为**半变态**。

一守时得让白兔先生嫉妒一

昆虫变态时的变化之大，着实令人目瞪口呆。许多昆虫的幼虫阶段往往会持续很长时间，几周甚至长达几年，可成虫阶段最多仅有数周。最惊人的例子非一种十分特殊的蝉莫属。

北美洲生活着几种蝉，属于周期蝉属（*Magicicada*），它们会周期性地在同一时间破土而出。周期蝉就仿佛时钟一般。（我们的白兔先生肯定会喜欢的！）其中4种会在地下生活13年后钻出地面，还有3种会在17年后钻出地面！每逢破土之时，数以十万计的若虫同时出现，地表的昆虫密度将高达每公顷300万只！

破土而出的若虫会以极快的速度化为成虫，并开始鸣叫吸引异性。没有时间可以浪费！在地下等待十多年后，成蝉仅有 4 至 6 周的时间来孕育下一代，然后便会死去。蝉卵发育 6 至 10 周后，若虫孵化出来，随后便钻入泥土下，等待 13 至 17 年。新的周期开始了。

　　在同一时间、同一地点破土而出的不同种类的蝉统称为一个"族群"（brood）。周期蝉共有 15 个族群。1715 年，第 10 族蝉在费城破土而出，被首次记录了下来。这一族群含有的十七年蝉数量最多，曾在 2021 年 5 月出现过一次。科学家对每一族群进行了编号、定位，并精确跟踪，因此能够预测它们从地下钻出的时间。下一次破土而出会在什么时候？第 13 族（十七年蝉）和第 19 族（十三年蝉）在 2024 年出现！快在日历上记下来吧！

周期蝉破土而出，从不迟到！

奇怪的毛毛虫！

毛毛虫是仙境中极具代表性的居民，也是完全变态动物的最佳代表，会经历完整的变态发育过程。

完全变态昆虫与不完全变态昆虫一样，生命周期也包括卵、幼虫及**成虫**三个阶段。但是，前者在化为成虫之前，还会经历一个较为特殊的阶段——蛹。在这个阶段，昆虫被包裹在硬壳（大多由甲壳质组成）中，纹丝不动。最大的变化就发生在这个时候，部分昆虫的身体与器官甚至会完全改变！蝴蝶与飞蛾或许是我们非常熟悉的例子，还有许多昆虫也是完全变态昆虫，包括群居性的膜翅目昆虫，比如蜜蜂、胡蜂、蚂蚁（不包括白蚁，白蚁是不完全变态昆虫），以及鞘翅目昆虫，比如瓢虫、欧洲深山锹甲，还有蚊子和苍蝇。是的，没错！我们往往会忘记那些令人厌恶的小蛆虫，它们其实是还未成形的苍蝇。只需短短几天，蛆虫就能变成苍蝇。

完全变态动物与不完全变态动物一样，它们的每一生命阶段也有不同的时长，成年阶段往往相对较短。蝴蝶与飞蛾大概是不可思议的例证。相较于幼虫阶段，部分种类的蝴蝶与飞蛾的成年阶段非常短暂，甚至因此不具备口器与消化器官。比如欧洲最大的飞蛾——孔雀天蚕蛾（*Saturnia pyri*）便是如此。它们在长出翅膀后的成年时期唯一的活动就是繁衍后代，甚至没有时间吃上一口食物！

与生物学家一起读《爱丽丝梦游仙境》

话说回来——爱丽丝故事中的毛毛虫会变成蝴蝶吗？虽然毛毛虫告诉爱丽丝，吃下蘑菇就能改变身体大小，但书中并没有提到它的身体形态发生了变化，反而是影视版展现了它破茧成蝶的样子。在迪士尼的动画片中，毛毛虫消失在水烟筒冒出的烟雾中，留下了它蜕下的皮。而蒂姆·伯顿则拍出了毛毛虫在蛹中的模样。在电影里，毛毛虫既出现在爱丽丝的现实生活中，也出现在她的梦境里。毛毛虫在旅途的关键时刻引导着爱丽丝，以它的方式陪伴小女孩完成了蜕变，成为真正的自己。

变化多端

动物的变态并不是在瞬间完成的，而是在或长或短的生命周期中逐渐完成的。然而，爱丽丝在仙境中经历的体形变化并非如此，突如其来的变化在我们的世界中真的存在吗？

还真的有！部分动物能在瞬间改变体形，让身体膨胀，从而震慑对手或潜在的捕食者。遇到生命危险时，嘿，立刻变身！

继续聊一聊我们的鳞翅目朋友吧！有一种来自中美洲、天蛾科的飞蛾（*Hemeroplanes triptolemus*），它的幼虫进行防御时的行为是一个十分直观的例子。休息时的幼虫没有任何奇异之处，它的背部呈现出淡淡的黄色，腹部是棕色的。简而言之，它就是普普通通的小毛虫。但倘若你去逗弄它们——嘭！它们会即刻收起头和脚，鼓起胸膛，把身体前部翻过来，装成蛇头，模仿得惟妙惟肖。"蛇头"上甚至还有两只假眼睛（实际是两块黑白斑点）。为了学得更像一点，它们还会吐气，模仿凶猛恶蛇的"嘶嘶"声！

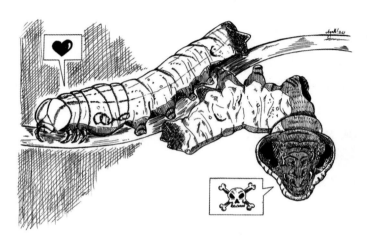

Hemeroplanes triptolemus 幼虫的演技相当精湛

　　动物模仿另一种动物的外观与行为，这种策略被叫做**拟态**。在上述例子中，不具攻击性的幼虫模仿了一种危险动物，这种拟态被称为**贝茨氏拟态**，以英国博物学家亨利·沃尔特·贝茨（Henry Walter Bates）的名字命名。贝茨曾与阿尔弗雷德·拉塞尔·华莱士①（Alfred Russel Wallace）结伴出游。他还曾研究过亚马孙丛林中的蝴蝶与飞蛾。一切都连起来了！

―――――――――

　　① 华莱士提出自然选择学说，并和达尔文共同提出了进化论。

其他动物也会迅速改变身体大小来自我防御。受到惊吓时,猫(以及大部分的猫科动物,无论大小)会采取一种极具特色的姿势——弓背炸毛来吓唬敌人。雌性海蟾蜍(*Bufo Marinus*)会吸入空气,让身体膨胀,来击退敌人……或赶走太过热情的雄性!当雌性身体变大时,讨人厌的追求者便无法抓住它们了,这也方便身形更大的雄性海蟾蜍撵走竞争者。

鱼类中的四齿鲀科与刺鲀科也有拿手绝技,它们因此被叫做气球鱼!受到威胁时,这些鱼类会变成一颗球(有的还会竖起尖刺),让敌人无法下手或下嘴。为了使身体膨胀成球状,它们会让胃里的小袋子中装满水;若被捕食者带出水面,它们则会往小袋子中装满空气,这也是这个袋子的唯一功能。它们还会分泌一种含有剧毒的神经毒素,名为河鲀毒素,可致多种捕食者于死地(有人怀疑海豚喜食这种毒素,见第二部分第2章)。你或许听过日本人会吃"东方鲀"。若烹制不当,食用者将一命呜呼。没错,这种鱼便是脸皮超厚的气球鱼家族中的一员!

还有一种动物在防御状态下也能迅速地变大变小,与爱丽丝的变形能力最为相似,那就是白脸角鸮(*Ptilopsis leucotis*),这是一种身高仅为25厘米的小猫头鹰,来自撒哈拉沙漠以南地区。有一只叫Popo酱的白脸角鸮堪称这个物种的代表,它目前生活在日本挂川花鸟园,简直是园中的大明星。网上流传着一段很火的视频:当人们将大小不一的鸟类带到

Popo 酱面前时，它会在几秒钟内模样大变。面对 40 厘米高、只比它大一点儿的仓鸮（*Tyto alba*），我们的小猫头鹰睁圆了双眼，摆出一副凶狠的样子，翅膀展成圆轮状，仿佛孔雀一般。相反，在 65 厘米高、比它威猛得多的猛禽黄雕鸮（*Bubo lacteus*）面前，我们的小猫头鹰会变得又瘦又长，还会皱起眼睛上方的羽毛，露出不安的笑容。它目不转睛地盯着黄雕鸮，飞快地转动着身体，所有感官都极其敏锐！遇到危险时，白脸角鸮会将身体缩小，把自己隐匿起来，变得不引人注目，与树枝或树干融为一体，从而躲避危险。

面对不同的威胁时，白脸角鸮会采取不同姿势

不过，自我防御、恐吓敌人并不是生物改变体形的唯一目的。有一种非常特殊的有机体，会为了探索领地、四处移动而改变大小。它们不是动物，不是植物，也不是真菌，这种生物叫多头绒泡菌（*Physarum polycephalum*），俗称布罗布（blob）。这个名字源自 1958 年的一部电影，里面的外星生物

会吃掉不幸遇上它的人类。吃得越多,就变得越大。现实中的布罗布以真菌、细菌为食。在实验室里时,它们的食物是——燕麦片。这种有机体看上去就像一大团黄色海绵,令人倒胃口,但能力十分强大!它们没有嘴巴、眼睛,也没有大脑,却能够确定自己的位置,会在迷宫中选择最短路径,还学会了避开自己不喜欢的东西。布罗布仅由不断生长的巨大细胞组成,体形能长得无比硕大。有人曾在美国发现了占地面积达 1.3 平方公里的多头绒泡菌样本。而且,它们的体形能在一天内变大一倍。爱丽丝,快记笔记!

变形和视觉错觉

在书中,爱丽丝只是体形发生了肉眼可见的变化,而有的角色却全然改变了外观。比如在第一卷的《小猪和胡椒》一章中,爱丽丝正哄着公爵夫人的小婴儿睡觉,不料小婴儿变成了一头猪,连哭声也变成了猪叫声。第九章与第十章中的假海龟信誓旦旦地表示,它曾经是一只"真海龟"。约翰·坦尼尔是第一版书的插画家,他的作品被后来的画家沿用下来。在坦尼尔的画笔下,假海龟长着海龟的身体、小牛犊的头、后足及尾巴。

说起变形,现实世界的生物也毫不逊色,看一看熊猫宝宝和大熊猫便知道了。刚出生的熊猫宝宝全身粉粉的,几乎没有毛发,平均体重仅有 120 克。而成年熊猫黑白相间,重达 100 千克！

还有一种能迅速变色的奇怪动物，它们没有出现在刘易斯·卡罗尔的世界中，那就是变色龙。与大众的认知不一样，变色龙改变颜色并非为了将自己隐匿在植物中。事实恰恰相反！雄性变色龙换上艳丽的皮肤，是为了守护领地、震慑对手或吸引雌性。对它们来说，颜色是一种视觉沟通工具，可以向同伴传达自己的意图。影响变色龙颜色的另一因素还与它们的生活环境相关，那就是温度。在太阳底下，变色龙的颜色会变得比较浅、比较亮；天气凉快时，它们的皮肤颜色则会加深。就像你在大热天不会选择穿黑色的衣服一样，变色龙也会通过改变身体颜色来调节体温！

在瞬时变色领域，另一无可争议的强者是头足纲动物，它们甚至能改变皮肤质感及移动方式。拟态章鱼（*Thaumoctopus mimicus*）生活在东南亚的温暖水域，于 2005 年被发现。它们能模仿各种动物的姿态，包括海蛇、鲽鱼、蓑鲉、水母、海鳝、小丑鱼、虾蛄……这种长着触手的模仿者至少模仿过 15 种不同动物！它们会扭曲触手，变换颜色，从而完成一场场了不起的模仿秀。

在这一方面，乌贼也毫不逊色！部分雄性乌贼甚至会模仿雌性乌贼的身体颜色与行为姿态，伪装成雌性。为什么要这么做？因为雌性乌贼的身边往往守着霸道的雄性。为了在其他雄性的眼皮底下吸引雌性，它们只能这么做。还有更厉害的吗？澳大利亚研究团队发现，显形乌贼（*Sepia* plangon)更加夸张，它们会同时穿上两件衣服！当一只雄性显形乌贼的左边是它心仪的雌性，而另一边是它想要躲避的雄性时，它就会开始变形，让身体一侧呈现雄性特征，另一侧呈现雌性特征。它的一侧身体会为雌性乌贼展现出美丽的颜色，来吸引异性；与此同时，它的另一侧身体会让竞争对手相信它是只雌性乌贼，以免遭到驱赶。

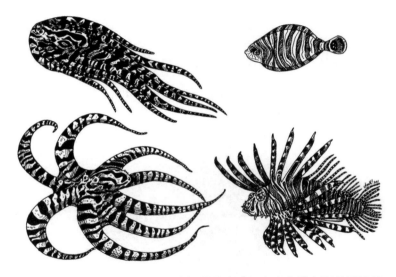

拟态章鱼会模仿其他动物的形态与移动方式。上方的拟态章鱼模仿的是鲽鱼，下方的模仿的是蓑鲉（俗称"狮子鱼"）

变态与变形，似乎是仙境居民的日常活动。仙境中的一位代表性角色，以神秘的微笑及神出鬼没的习性著称。让我们来认识一下它吧！

第 2 章　真实的生物与虚假的微笑

　　"好的。"猫说，这次它消失得很慢，开始是尾巴梢，最后是那张咧嘴笑的脸，在全身其他部位都消失之后，那张脸还保留了一会儿。

与生物学家一起读《爱丽丝梦游仙境》

柴郡猫已然成为爱丽丝故事中最著名的角色,然而小说的第一个版本并没有写到它。柴郡猫在《小猪和胡椒》一章中首次亮相,出现在公爵夫人的厨房里:这厨房里不打喷嚏的只有那个厨娘和一只趴在壁炉边咧着大嘴笑的大猫。

许多插画师都曾画过柴郡猫,其中最著名的来自约翰·坦尼尔与亚瑟·拉克姆(Arthur Rackham)。他们笔下的柴郡猫是一只身材壮硕的花猫,脸上挂着大大的笑容,十分有辨识度!第一部爱丽丝电影上映于1903年,剧组找了一只高傲冷漠的长毛猫来出演柴郡猫。在迪士尼的动画片中,柴郡猫有了颜色,是紫红色的。而在蒂姆·伯顿电影中,柴郡猫则是绿松石色的。

笑容独特的猫咪!

柴郡猫最大的特点不是身上的条纹,也不是它对高高的树枝的迷恋,而是它的笑容!

公爵夫人回答爱丽丝的问题时,就是这么介绍它的。爱丽丝说:"我不知道柴郡猫总是咧着嘴笑,事实上,我根本不知道猫会笑。""他们都会笑,"公爵夫人说,"而且大多数都笑。"

我们不如先来了解一些背景知识吧!为什么是柴郡猫?柴郡是英格兰西北部的一个郡,过去在英语中被称作"Chester"。柴郡农田广袤,绿意盎然,以农业及工业著称,包括奶酪制造业、丝绸产业及盐矿业。这里是查尔斯·路德维希·道奇森(未来的刘易斯·卡罗尔)的家乡。1832 年 1 月 27 日,查尔斯出生在柴郡的达斯伯里。你若有机会前往当地,别忘了去诸圣教堂(All Saints' Church)看一看!在爱丽丝的作者 100 周年诞辰之际,教堂换上了绘有书中主要角色的彩色玻璃花窗。我们甚至能在耶稣降生的场景中,看见爱丽丝与刘易斯·卡罗尔的身影。

我们的作家正是以柴郡猫向家乡致以敬意。爱丽丝的第一卷书稿于 1865 年面世,那个年代流传着一句俗语:像柴郡猫一样咧嘴坏笑(to grin like a Cheshire cat)。人们推测,这句俗语首次出现于 18 世纪末,但起源已无从考证。目前有两种主流说法。一种说法是,当地的一位画家为旅馆画广告牌时,习惯画上微笑的狮子。但他画的狮子相当不写实,或许被认作了不那么威武的小猫咪!另一种说法是,柴郡的知名奶酪融化成了微笑的猫头形状。作家笠井胜子(Katsu-ko Kasai)甚至认为,当时那群幸福的食客将奶酪切开后,是先从外围吃起的,最后才把猫咪的微笑吃掉。这不禁令人想起故事中那突然出现又消失的柴郡猫。

颧肌的故事

然而,现实中的猫咪真的会笑吗?

英国博物学家查尔斯·达尔文在其著作《人与动物的情感表达》(1872)中描述了若干种动物的大量面部表情与肢体动作。他将人类的部分情感表达方式与在动物身上观察到的进行了十分恰当的对比。他在书中还描述了面部肌肉为了形成表情而产生的收缩。

如今,科学家在这个研究方向上走得更远,推出了一套精确系统来量化面部表情,将面部肌肉运动编成代码,从而理解肌肉运动会在什么情况下产生,这也可以避免将它们和情绪联系在一起。这套系统就是面部表情编码系统(Facial Action Coding System,FACS)。1978年,埃克曼(Ekman)与弗里森(Friesen)运用面部表情编码系统对人类的面部表情进行了研究。2017年,这套系统被运用在7种动物身上,分别为黑猩猩、猕猴、长臂猿、红毛猩猩、马、犬与猫。

猫的面部表情编码系统盘点了19种肌肉运动(即运动单元,Action Unit,简称AU),其中7种为耳部肌肉运动,余下12种为其他运动,包括舔舐自身、发出声音、嗅闻物品等。科学家进行了必要的调整后,将猫的肌肉运动与人类的肌肉运动做了对比。对比发现,人类不会做出诸如抽动胡须、舔舐脖子等动作。坦白说,这确实是人类的一大遗憾!

猫与人一样,面部也有数块负责嘴唇运动的肌肉,它们会在微笑时起到作用。编码为AU12的运动会涉及一处特殊肌肉——颧大肌。颧大肌能够提起嘴角,使之靠近双耳。科学家在猫咪朋友身上也观察到这种运动。只不过,我们几乎看不见猫的嘴角,因为它们的**下颌突出**,比人类的明显许多。而且,它们的毛发也遮掩了部分面部肌肉运动。不过,就算猫会做出与人类一样的微笑动作,这个动作对于猫咪的含义与对于人类的含义是一样的吗?

欺骗性的微笑

你或许认为人类的微笑普遍具有积极意义,但其实,世界各地对微笑的诠释各不相同,且差异显著。有一句著名的俄罗斯谚语是这么说的:毫无理由的微笑是一种愚蠢的表现。波兰人与挪威人对这种说法表示赞同。这两个国家的政府曾以开玩笑的方式告知旅客:如果你在大街上自顾自微笑,我们会觉得你疯了。就像我们的柴郡猫一样疯疯癫癫吗?或许吧!

微笑的确是一种沟通工具,但在不同场合与不同**文化**语境下,微笑也可能会对你不利。你身边的人会通过你微笑的方式,对你是否诚实,甚至是否聪明做出评判。一项研究对来自 44 种文化的人们进行了调研。研究发现,日本、印度(喀拉拉邦)、伊朗、韩国及法国的受访者认为,微笑的人比不微笑的人愚笨许多。

实际上,人类的微笑可以分为好几种,每一种的意义都不尽相同。2010 年,葆拉·尼登塔尔(Paula Niedenthal)发表了一篇论文,提出 3 种微笑:第一种是自发型微笑,在愉悦或成功时出现，其他灵长类动物也会发出此种微笑；第二种是亲和型微笑，主要目的是传达对他人的积极情感，建立社交连接；第三种是支配型微笑，这种微笑反映了社会阶级与控制权，包括阴险、讽刺及自傲的笑容。

那么其他动物呢，它们也会露出这些微笑吗？将人类自身情感与意图投射在动物身上的**拟人主义**听上去似乎很诱人。但要警惕这种做法！网络上有大量图片、动图及表情包，展现了"正在微笑"的动物，然而实际上它们可能正处于负面情绪中。这为我们敲响了警钟，我们对动物有所误解！

虽然动物也会露出数种微笑，但每一种微笑的含义并不相同。我们能在多种灵长类动物身上观察到两种微笑。从某种程度上来说，这两种表情能够和人类的面部表情放在一起比较。这也意味着，灵长类动物的微笑与人类的微笑或许拥有相同起源。

第一种面部表情被称为玩乐脸（play face）或张口展示（relaxed open-mouth display）。动物会张大嘴巴，把牙齿藏在嘴唇后面，露出这种表情，并且往往伴有大口喘气、呼吸不稳等情况，与人类大笑时类似。这种表情常见于游戏时，在幼年动物身上更多一些。

第二种面部表情被称为露齿行为（bared-teeth display），这种比第一种略微复杂。荷兰研究者扬·范胡夫（Jan van Hoof）甚至区分出了数种露齿行为。动物会露出牙齿与牙龈，缩回嘴唇，露出略带紧张的笑容，呈现这种表情。它们一动不动,直勾勾地盯着目标,且往往一声不发。处于战斗状态时,黑猩猩就经常会露出这种表情,这又被称为"恐惧的苦笑"(grin face)。动物做出这种表情,其实是在安抚其他动物。这反映了它们感受到的压力,也可能是它们屈服的标志。不幸的是,我们会在部分广告中猩猩演员的脸上看到这种笑容。这意味着,它们在那个时刻丝毫没有玩乐的心情。

总而言之,这两种面部表情——玩乐脸与露齿行为,虽然出现在不同情况,但目的都是加强个体间的社交连接,缓解压力。

黑猩猩具有不同含义的两种"笑容"。第一种表情(玩乐脸)是在向外界发出玩耍邀请,而第二种表情(露齿行为)则表明动物处于焦虑之中

与人类亲缘关系稍远的动物也会露出具有欺骗性的笑容。犬类的笑容是恐惧、服从及抚慰他者的标志。如果最初引起动物不安的情况没有改善，这种笑容就预示了动物可能将发起攻击。学习分析这些"笑容"，尤其是让儿童了解这类表情，能够有效预防他们被犬类咬伤。很多时候，虽然我们的四脚朋友已经释放出警示信号，却仍不能避免发生咬伤事故。

在上述情况中，我们还能在动物身上发现其他明显的动作，比如耳朵低垂、舌头快速反复伸出、眼睛微闭。这些动作都表明了动物感到不安，而且这些动作表达的意思非常明确，难以被混淆！然而，狗狗的这副模样却常常被做成"表示感谢"的表情包，在互联网上流传。人们认为狗做出这个表情是因为开心，是在表达爱意。可事实完全相反！在社交平台上使用这些动图前请三思！虽然有人会说，狗狗摆出这种表情也有安抚的意思（这种话术在个别社交媒体上十分奏效），但不管怎么说，它们那副忏悔样子所传达的并非你本想表达的信息……

那呼噜声呢？

"你又怎么知道你疯了？"

"首先，"猫说，"狗不是疯子，这你同意吧？"

"我想是的。"爱丽丝说。

"好，那么，"猫继续说，"你瞧，狗生气的时候就狂叫，高兴的时候就摇尾巴，可我是高兴的时候狂叫，生气的时候摇尾巴。所以我是疯子。"

"我把这称作喵喵叫而不是狂叫。"爱丽丝说。

"随你怎么说。"猫说。

如果说柴郡猫的笑容及其含义令人捉摸不透，那么它的呼噜声呢？是在向爱丽丝表达喜欢，抑或是表示它非常放松吗？我们总以为，猫咪朋友的呼噜声和笑容一样，是开心的标志。我们轻柔地爱抚猫咪时，它们常常会发出这种舒缓的声音。我们往往认为这种声音代表它们感觉"非常好"。

然而——其实没有那么简单！在第二卷书中，就连爱丽丝也从身边的两只小猫——凯蒂和白雪身上发现了这一点。这是猫咪们的一个非常麻烦的习惯（爱丽丝有一次曾经这样评论），那就是，不管你对它们说什么，它们总是呼噜呼噜的。"假如它们能够只把呼噜呼噜表示'是的'，把喵呜喵呜表示'不是'，或者有任何这一类规则的话，"她曾经说，"那么就可以交谈一会儿了！可是，如果它们总是发出同样的声音，你怎么能够同这样的人谈话呀？"这一次，这只猫咪只是呼噜呼噜地叫，这就不可能猜测它究竟想说"是的"还是"不是"。

猫咪肚子饿、感到焦虑、严重受伤，甚至——濒临死亡时，都会发出呼噜声！猫科动物在身体虚弱时会发出呼噜声,这是一种**诚实信号**,表明它们不会造成任何危险。另一前沿假说认为,猫的呼噜声具有疗愈功效。研究者伊丽莎白·冯·穆根塔勒(Elizabeth von Muggenthaler)录下了宠物猫以及其他能发出这种特殊声音的猫科动物的呼噜声,包括薮猫、豹猫及美洲狮。伊丽莎白发现,猫科动物的呼噜声频率介于25至150赫兹之间,与人类在骨骼肌肉再生治疗、伤口治疗、呼吸困难治疗等情况下使用的电子设施具有完全一致的振动频率。因此研究者推测,猫科动物发出呼噜声,其实是在疗愈自己!

虽然我们还不知道猫科动物及部分灵猫科动物(是的,可爱的夜行性动物小斑獛也会打呼噜)的呼噜声有什么用,但有一点是肯定的:猫咪能利用呼噜声将人类玩弄于股掌之间!猫和人类共同生活了一万年,可我们仍难以理解人类为什么会和猫形成如此奇怪的关系;而且我们也并没有真正意义上"驯服"猫咪。

为了达到目的,猫咪甚至会制定策略!英国研究者凯伦·麦库姆(Karen McComb)与合作者录下了家猫在两种不同情况(讨食及非讨食)下的呼噜声,并邀请人们去听这两种声音。被试者不知道任何背景信息,但都得出了十分明确的结论。他们一致认为,猫在向主人讨食时的呼噜声更急促,也更刺耳。从声音波形图上来看,两种呼噜声确实有差异:只有讨食情况下的呼噜声才显现了十分明晰的波峰。科学家认为,猫咪讨食时的呼噜声模仿了陷入困境的动物幼崽的鸣咽声,这会让我们迅速产生反应,前去帮助可怜的小东西。更夸张的是,养猫的被试者与没有养猫的被试者会对呼噜声做出不同判断。当辨别呼噜声紧迫与否时,养猫人能更轻易地识别出来!看来,猫咪不仅仅将我们玩弄于股掌之间,还会训练我们去满足它们的需求。

爱丽丝要小心了,柴郡猫或许也打算用微笑和呼噜声,将你骗得团团转!

笑一笑吧!

从微笑到大笑,仅需一步!正如弗朗索瓦·拉伯雷(Francois Rabelais)在《巨人传》中写的:笑比哭好写,因为只有人类才会笑。笑与生火、制造工具、使用工具一样,一直以来都被看做人类独有的技能。其他动物不会哈哈大笑吗?难道我们人类是唯一一个会笑弯了腰的物种吗?才不是!

我们的近亲类人猿拥有大量与人类相同的特征,从微笑到大笑!近期研究发现,**人科动物**(大猩猩、黑猩猩、倭黑猩猩与红毛猩猩)会发出一连串低频的断断续续的呼噜声,与我们大笑时的"哈哈哈"类似。幼崽玩耍或成年类人猿与孩子逗乐时,都会发出这种笑声。有的时候,黑猩猩仅仅听到玩伴发出笑声,便会跟着笑起来。只是这时的笑声比自己玩得开心时发出的笑声要短促许多。科学家为类人猿挠痒痒时,很容易就能逗得它们哈哈大笑。于是科学家毫不犹豫地卷起袖子,为它们挠起痒痒,只为了录下想要的声音。看来在 1000 万至 1600 万年前,人科动物的共同祖先在玩游戏时就会发出笑声了,而人类的笑声似乎由此进化而来。我们会笑已经有好一阵子了!

不过,类人猿是唯一会笑的动物吗?当然不是!有一种在日常生活中更常见的哺乳动物便以喜欢嬉戏打闹闻名,那就是老鼠!20 世纪 90 年代末,贾亚克·潘克塞普(Jaak Panksepp)与杰弗瑞·伯格朵(Jeffrey Burgdorf)对实验室中老鼠的游戏及社交生活产生了兴趣。他们为老鼠挠痒痒时发现,老鼠会发出高频的吱吱声及细小的尖叫声。这些声音都是超声波(过于尖锐,如果不使用仪器,人类是听不到的),频率最高可以达到 50000 赫兹。无论科学家挠的是背、肚子还是全身,老鼠都会不停地发出这种声音。更妙的是,它们也有自己的敏感区域。相比起挠背、挠肚子的前侧或后侧,老鼠被挠全身时会笑得更加开心。无论在挠痒痒时还是在其他时候,幼鼠都比成年鼠笑得更频繁。而且,它们还会跟随为它们挠痒痒的手,意思就是,它们还想玩!相反,若科学家将老鼠置于压力环境中,比如让它们嗅闻猫的气味,它们的笑声会较正常情况明显减少。快乐没有了!科学界花了一段时间才接受这个发现,人们此前对动物及其情绪的看法被彻底颠覆。希望人与动物间的模糊界线尽快消失,就像柴郡猫一样。世界在进步,记得保持笑容!

第 **3** 章　奇幻生物大杂烩

　　"你可知道，我也一直以为独角兽都是些传说中的怪物呢？我过去从来也没有看见过一个活的！"

　　"嗯，现在我们彼此已经看见啦。假如你相信我，我也会相信你。这是不是一件公平交易啊？"

　　　　　　　　　　与生物学家一起读《爱丽丝梦游仙境》

爱丽丝漫游仙境及镜中世界时，她还遇见了来自想象世界的生物：坐在墙上的英国童谣角色汉普蒂·邓普蒂①、双胞胎兄弟叮叮与咚咚、神奇动物独角兽和狮身鹰面兽。文艺复兴末期（16世纪末），人们开始质疑神奇动物是否真的存在。虽说如此，它们依旧生龙活虎地存在于人们的想象世界及艺术文学中，装饰了地毯、手稿与贵重的家具，甚至成了徽章纹饰，后来还被用作品牌标志，以及制成玩具。刘易斯·卡罗尔热衷于创造不可能的奇怪混血生物，它们或善良宽厚，或令人生畏。

诗歌《杰伯沃基》（*Jabberwocky*）②提到了屠集林，那里面满是这样的生物。现在，拿出望远镜、放大镜与素描本，我们一起近距离研究一下这些令人惊奇的生物吧！

—独角兽与狮子的对决—

在镜中世界，爱丽丝与汉普蒂·邓普蒂交谈后，遇见了白棋国王。国王身边有两名行为略显怪异的信使，它们不是别人，正是第一卷书中的三月兔和疯帽

---

① 汉普蒂·邓普蒂（Humpty Dumpty），英国民谣中一个从墙上摔下来跌得粉碎的蛋形矮胖子。

② 刘易斯·卡罗尔创作的一首诗歌，出自《爱丽丝镜中奇遇记》第一章。jabberwocky 一词原意为"无聊的话、无意义的话"。——译者注

子。信使为国王带来了城中对决的消息：为了争夺白棋国王的王冠，狮子与独角兽将进行决斗。这一段提到了 19 世纪的著名民谣，由爱丽丝背诵：

狮子和独角兽为了王冠而战斗，

狮子把独角兽打得满城走。

有人给他们白面包；给黑面包的也有，

有人给葡萄干蛋糕，把他们从城里轰走。

这首童谣创作于 17 世纪初。英格兰女王伊丽莎白一世驾崩后，苏格兰国王詹姆斯六世继位成为君主，兼任英格兰与苏格兰国王。在过去，苏格兰的徽章上装饰有两头独角兽，而英格兰的徽章上则是两头狮子。为了象征两国联合，詹姆斯六世登基后的新徽章上一侧是狮子，另一侧则是独角兽。1688 年至 1746 年，即雅各布派叛乱、发动起义期间，这首民谣流传甚广。光荣革命（1688—1689）后，信奉天主教的英格兰国王詹姆斯二世（即苏格兰的詹姆斯七世）被迫退位。他的支持者仍预谋通过战争及暴动为其夺回王位，并将王位传给他的后人。

坦尼尔为这个段落创作的插画以夸张的方式嘲讽了彼时议会的两名议员：本杰明·迪斯雷利（Benjamin Disraeli，即独角兽）与威廉·尤尔特·格莱斯顿

（William Ewart Gladstone，即狮子）。这两名议员时常吵得不可开交。我们如今很难想象，独角兽竟会与狮子打起来。但其实，独角兽并不一直都是可爱天真的小动物，它们也是凶猛无比的战士（尤其在面对大象时）！

公元前5世纪的希腊医生克特西亚斯（Ctesias）写下的文字是关于独角兽的较早记载之一。克特西亚斯写道，独角兽是一种印度野驴，奔跑速度极快，身体雪白，脑袋鲜红，双眼湛蓝。角是渐变色的，底部呈白色，中间渐渐呈现出黑色，顶端则是红色的。克特西亚斯还提到，独角兽的角具有解毒功效。公元1世纪，老普林尼（Pline l'Ancien）在其著作《自然史》（*Naturalis Historia*）中提到，有一种长着一只角的动

物，叫做独角兽，它"拥有马的身体，雄鹿的头，大象的脚和野猪的尾巴。吼声低沉，头顶中间竖立着一只两肘高的黑角，据说未能被人类活捉。"

后来，这一形象又被不同作者采用，但独角兽最终形象的确立要归功于《博物学家》(*Physiologus*)。这本著作据说创作于公元2世纪，是一本基督教动物寓言集，描绘了若干种动物（真实的与虚构的）、数种植物及石头。每个物种"自然属性"的描述后面，都有一段该物种的道德与宗教意义。《博物学家》对后世的动物寓言集影响深远，甚至成了中世纪寓言作品的灵感来源。《博物学家》描绘的独角兽体形不大，宛如一只小羊羔，头顶中间有一只角。它们虽然小巧，但极为凶狠。书中还详细叙述了狩猎独角兽的传统方法：以纯洁的年轻女孩作为诱饵，吸引危险猛兽靠近。天真的女孩会令猛兽放下戒备，卧倒在她的胸前，或枕在她的膝盖上入睡（不同版本说法不一）。这个时候，猎人就能上前制服并猎杀独角兽了。

虽然有的动物寓言集将独角兽描述为蓝色或红色的，长着钩形角，不过最深入人心的独角兽形象仍是一副白山羊模样，长着带有螺旋纹路的笔直的角。在数百年的时间里，独角兽的体形渐渐变大，直到拥有了马的身材。不过在一段时间内,这种动物仍保留了山羊的蹄子与胡须,以及带有螺旋纹路的笔直的大角。到了中世纪,来自北欧的货真价实的独角兽兽角(至少商人们是这么说的)开始在市场上流通,于是有越来越多的人认为,独角兽的兽角就是笔直的、带有螺旋纹路的。

有人相信独角兽兽角具有疗愈功效,小型鲸鱼一角鲸(*Monodon monoceros*)因此遭殃。一角鲸是群居动物,生活在北冰洋,它们的特点是头上有一根螺旋状长牙,长达 3 米。是的,你没有看错。一角鲸头上长的不是什么防御武器,而是穿过了上唇的长牙(大多是左犬齿)。雄性一角鲸与部分雌性长有这种长牙,有的雄性甚至拥有一对长牙。

人们尚不了解这种牙齿的用处是什么。长牙上布满了神经末梢,或许是探测器官,让它们能够了解周围的环境(温度、气压、水的盐度,甚至性信息素)。不过,长牙探测的肯定不是关乎生存的信息,因为部分雌性一角鲸没有长牙也活得好好的。这种牙齿会不会与性选择有关呢? 雌性会倾向于选择牙齿更长的雄性吗? 又或者在繁殖季节,雄性能够凭借长牙定位雌性所在的位置? 抑或是长牙与雄性一角鲸间的竞争有关?

无论如何，对于中世纪的一角鲸而言，长有长牙并不是什么优势，反而会因此遭到人类的疯狂捕杀。15至16世纪，"独角兽兽角"比黄金还贵！自文艺复兴时起，探险家开始游历世界，他们让欧洲人了解到了"海中独角兽"一角鲸的存在，知道了这种动物长着长长的牙齿。后来，"独角兽兽角"的价格暴跌。自18世纪开始，相信独角兽存在的学者越来越少。不过直到19世纪，独角兽才彻底被归入了神奇动物的行列。

仙境与镜中世界内不仅仅有来自我们世界的生物（真实的或虚构的），卡罗尔还热衷于幻想各类更奇怪的生物，它们居住在屠集林中。但要当心，可怕的杰伯沃克的老巢也在这座丛林里。祈祷它现在不在家，我们一起去丛林中逛逛吧！

趁炸脖龙不在家，一起去屠集林逛一逛

穿过客厅的镜子，爱丽丝来到了一间与自家客厅几乎一模一样的房间，但房间与现实客厅也存在一些显著差异。比如在镜中的房间里，有一些会说话、动来动去的棋子。爱丽丝还在桌子上发现了一本翻开的书，却认不得书上的字。随后她才明白，镜中世界的文字都是反的。

书上的内容正是《杰伯沃基》，这首诗简直滑天下之大稽，毫无疑问是刘易斯·卡罗尔宇宙中最荒诞不经的，可谓

是"满纸荒唐言"。诗歌中出现了刘易斯·卡罗尔创造的各种生物，还不乏他自创的词汇，比如"gyre"（像陀螺一样旋转），以及形容诗歌主角的长剑的词"vorpal"。他从未明说这些词语到底是什么意思。刘易斯·卡罗尔是一个力求准确的人，他在《爱丽丝镜中奇遇记》原版前言中解释了这些词语该如何发音。是的，虽然这些词语并不存在，但这不是我们将它们读错的理由。认真一点！刘易斯·卡罗尔自创的指代神奇生物的部分词语（比如 borogove），也出现在了他的另一部作品——于 1876 年面世的《猎鲨记》（*The Hunting of the Snark*）中。这一本书实在过于荒诞，成为了许多法国超现实主义派作家的灵感源泉，其中包括诗人阿拉贡（Aragon），他曾将这本书译为法语。

《杰伯沃基》中出现了若干种奇异生物，下面是诗歌的第一段：

> 那是 brillig，还有滑溜溜的 toves
>
> 曾经旋转和 gimble 在 wabe：
>
> 所有的 mimsy 都是 borogoves，
>
> 而那个 mome raths outgrabe。①

如清泉般清晰明了，不是吗？后来，爱丽丝遇见了汉普蒂·邓普蒂。汉普蒂·邓普蒂表示，他能解释所有创作出来的诗歌，以及许多许多迄今尚未创作出来的诗歌。于是，爱

---

① 里面的一些怪字，读者们不必认真对待，只要觉得好玩就行。

丽丝背诵起了《杰伯沃基》，想听听汉普蒂·邓普蒂的解释。

"嗯，'toves'有点儿像獾——又有点儿像蜥蜴——又有点儿像瓶塞钻。"

"它们一定是样子非常奇特的生物吧。"

"一只'borogove'就是一只精瘦的、形象肮脏的鸟儿，它的羽毛向四面八方散射开来——有点儿像一把活拖把。"

"那么，'mome raths'是什么意思呢？"爱丽丝问道。"我怕我再给你增添许多麻烦了。"

"嗯，一头'rath'就是一种青猪。不过'mome'的意思我还不大肯定。我想那是'from home'（来自家乡）的简称——意思是它们迷了路，你知道的。"

其实，这首诗的部分段落的创作时间要早于《爱丽丝镜中奇遇记》，因为在1855年，这首诗的第一段便出现在了杂志《迷什麻什》（Mischmasch）中。这是刘易斯·卡罗尔与兄弟姐妹一起创作的杂志。杂志给出了诗中生物的解释，与汉普蒂·邓普蒂所说的略有出入。

tove：一种獾，白毛如丝，后足粗壮，长有如鹿角般的小角，主要以奶酪为食。

borogove：一种已灭绝的鹦鹉，没有翅膀，喙部突起，喜欢在日晷下筑巢，以小牛犊为食。

rath：一种绿色陆龟，头部直立，长有鲨鱼嘴，前足弯曲，用膝盖行走，身体光滑，以燕子及牡蛎为食。

很难想象现实中会存在类似的生物。然而——确实有一种动物与托乌（tove）很像，你或许从未听说过。它们生活在东南亚的森林中，极少有人研究。这种动物就是猪獾（*Arctonyx collaris*），也称"白喉獾"。猪獾毛呈浅灰色，额头与脸颊是白色的。它们与欧洲的狗獾（*Meles meles*）有点类似，身材同样肥硕，长约1米，重达7千克至15千克。猪獾的特点是吻部很长，就像猪鼻子一样，因此得名猪獾。想象一下，在它们身上添一条如螺旋开瓶器般的尾巴，这并不难！

猪獾，据居维叶（Cuvier）的描述绘制，1825年

但若要想象它们头上长出一双鹿角，这完全不可能，只有创意无限的作家才能想得出来……不过，你或许听说过一种源自北美民谣的神奇动物——鹿角兔（jackalope）。这个名字由长耳大野兔（jackrabbit）与羚羊（antelope）两个单词组

合而成。是的,这不是一种獾,而是长着鹿角的野兔。但承认吧,这种动物与托乌已经十分接近了!对了,鹿角兔有个名叫沃尔珀丁格(wolpertinger,鹿角翼兔)的近亲,生活在巴伐利亚,也是一种传说中的神奇动物,自 16 世纪起为人所知。除了长有鹿角外,沃尔珀丁格还有一对翅膀与一对露在嘴外的锋利獠牙。鹿角兔最早出现在康拉德·格斯纳(Conrad Gessner)的著作《动物史》(*Histoire des Animaux*,1602)的某个版本中,被描绘为长有羚羊角的野兔。

野兔与"带角的野兔",即著名的鹿角兔,1788 年

然而,这些带角的兔形目动物是否只是骗骗傻子的把戏?是否是只存在于臆想中的虚构动物?其实不是,因为鹿角兔真的存在!有照片,有标本,有证据!这怎么可能呢?1933 年,病毒学家理查德·肖普(Richard Shope)对鹿角兔产生了兴趣,开始研究头上长有角状赘生物的家兔骸骨(而非野兔)。经过一番分析,肖普得出结论,这些"角"其实是病毒引发的肉赘,即乳头状瘤。乳头瘤病毒也是宫颈癌的元凶。注意,有一种乳头瘤病毒不仅会让兔子长角,还会传染给人

类。长角的人类是真实存在的。现实世界再一次超越了想象世界！

刘易斯·卡罗尔将波洛戈乌（borogove）描述为羽毛凌乱的鸟类，就像活过来的大拖把。现实世界中确有几位候选者十分符合这个描述（虽然我们不愿以如此贬义的方式来描述它们，拖把也能很优雅）。说起随风飘扬的颈部羽毛，爪子巨大的热带大雕（*Harpia harpyja*）与毛色亮丽的鹰头鹦鹉（*Deroptyus accipitrinus*）我们再熟悉不过了。这两种鸟都来自南美洲，颈部有一圈会炸起的羽毛，和会展开颈部皮褶的澳大利亚伞蜥（*Chlamydosaurus kingii*）类似。黑冠鹤（*Balearica pavonina*）瘦长挺拔，优雅万分，头上顶着一团高高竖起的土黄色冠羽，令人联想起鸡毛掸子。

朋克未死！

风中凌乱的鸟类！从左至右：热带大雕、鹰头鹦鹉、黑冠鹤不过，最符合波洛戈乌形象的候选者当属鹭鹤（*Rhynochetos jubatus*）。这种浅灰色的奇怪鸟类是新喀里多尼亚的特有物种，与鹭有些类似。虽然鹭鹤的翅膀大小正常，却无法飞翔。因此在面对捕食者时（比如犬类出现在它们居住的岛上时），它们是十分脆弱的。身陷危险的鹭鹤会张开翅膀，炸开脑袋上的羽毛，做出凶狠的模样！这种鸟不仅外观特殊，社交生活也很独特：雌性会与若干雄性（往往还是自己的兄弟）组建家庭，一同抚养雏鸟。鹭鹤还是演技精湛的演员，它们会假装翅膀受伤，引诱捕食者远离雏鸟，转头来追赶它们。鹭鹤身怀不少绝技，总能给人惊喜。

不同模样的鹭鹤（炸毛前与炸毛后）

与生物学家一起读《爱丽丝梦游仙境》

这座神奇动物园中的最后一种动物——青猪（rath）最为神秘。我们从未见过绿色的野猪，尽管野猪爱洗泥浆浴（可防飞虫叮咬），并会因此染上不同的色彩。不过也有几种猪科动物①完全符合刘易斯·卡罗尔作品中的选角标准。其中外形最奇特的莫过于毛鹿豚（*Babyrousa babyrussa*），这种野猪几乎没有毛发，仅分布在印度尼西亚的几座岛屿上。雄性毛鹿豚长有两对硕大的獠牙，第一对从嘴内伸出，第二对竟向上穿透了颚骨和脸部！有的时候，第二对獠牙向后弯曲幅度过大，甚至会刺伤毛鹿豚的颅骨。颜色最鲜艳的猪科动物当属红河野猪（*Potamochoerus porcus*），它们是群居动物，生活在非洲撒哈拉沙漠以南的丛林中。它们毛色红亮，头顶至脊背生长着白毛。耳朵上也有一簇长长的白毛，与身上其余地方形成鲜明对比。虽然红河野猪不像青猪是绿色的，我们仍然从很远的地方就能发现它们！

诗歌余下的段落提及了另外三种生物，比上述这几种性情温和的融合生物可怕得多：

小心那个胡言乱语，我的儿孩！

那咬人的上下颌，抓人的爪子！

小心那只加布加布鸟，赶快躲开

那狂怒得冒烟的班德斯奈基。

有意思的是，这首诗对于译者而言实在是巨大的挑战，

---

① 猪科涵盖了家猪、西猯、疣猪和野猪。

如今已有多个译本,每一个版本都迥然不同！这三种生物都出现在了蒂姆·伯顿的电影中,让许多人记住了它们的英语名字。大毛兽其实就是班德斯奈基(Bandersnatch)。炸脖龙不是别人,正是杰伯沃克,诗中的大反派！

左图:毛鹿豚;右图:毛鹿豚的非洲近亲,红河野猪

出人意料的是,爱丽丝的故事并未透露太多加布加布鸟的信息,反而在刘易斯·卡罗尔的另一作品——《猎鲨记》中,我们得以进一步了解这种鸟类。在书中,为了寻找神秘的蛇鲨(似乎从未有人见过这种传说中的动物),一队性格迥异的人登船远航。有人不过是聊起加布加布鸟,就被吓得眼泪汪汪。后来,他们听见了加布加布鸟的叫声,如"粉笔划过黑板"般尖锐刺耳,两个最勇敢的人也害怕得直打哆嗦:河狸脸色苍白,屠夫感到不适。在蒂姆·伯顿改编的电影中,这种叫声凄厉的可怕鸟类十分危险,是红王后的同谋,劫走了爱丽丝的伙伴,其中就有双胞胎兄弟叮叮和咚咚。加布加布鸟形似猛禽,脖子修长,羽毛红白相间,嘴里布满利牙,头上

与生物学家一起读《爱丽丝梦游仙境》

生有羽冠,与南美洲的南美凤头巨隼(*Caracara plancus*)有些类似。南美凤头巨隼双腿细长,与加布加布鸟一样长有羽冠,胸前的纹路也十分相像。这种鸟的长脖子在猛禽中较为罕见,不禁令人联想起模样奇怪的蛇鹫(*Sagittarius serpen-tarius*)。蛇鹫又称秘书鸟,头上也长着羽冠,双腿极长,仿佛涉禽[①]。蛇鹫生活在非洲荒漠地带,以蛇为食。

左图:南美凤头巨隼;右图:正在享用美食(蛇)的秘书鸟

在诗歌《杰伯沃基》中,班德斯奈基篇幅甚少,但它同样在《猎鲨记》中再次露面。猎杀队中有一人为银行家,在即将被班德斯奈基逮住时,他提出赠予猛兽一张支票,只求能饶

---

① 指那些适应在水边生活的鸟类,属于鸟类六大生态类群之一。

他一命。刘易斯·卡罗尔对动物往往着墨不多,后世的多位画家让这些动物鲜活了起来。《猎鲨记》的第一位画家是亨利·霍利迪(Henry Holliday),他于1876年完成了插画的绘制,但却谨慎地避开了动物形象。1958年,默文·皮克(Mervyn Peake)选择将班德斯奈基画作一只大鸟,与蒂姆·伯顿电影中的加布加布鸟十分相似。在2016年的一个改编版本中,克里斯·里德尔(Chris Riddell)将班德斯奈基绘成一只红色鳄鱼,它的腹部和四肢是黄色的,还长有猛禽的爪子。在蒂姆·伯顿的电影中,班德斯奈基是一头巨兽,白毛中点缀着黑斑,类似于斗牛犬、大型猫科动物与熊的融合体。班德斯奈基也是红心王后的随从,在与茶壶里的睡鼠搏斗时丢了眼珠。爱丽丝将其眼珠归还后,它帮助爱丽丝逃出了囚室。

杰伯沃克是诗中最危险的角色,也是诗中主角(姓名未知)想要诛杀的对象,就如圣乔治屠龙①一般。诗歌的结局是,主角斩断杰伯沃克的头颅,取了它的性命,仿佛一切从来没有发生过(诗歌的第一段与最后一段是完全一致的)。除了火焰般的双眼,诗中再没有其他描述能让读者想象出杰伯沃克到底是什么模样。

---

① 圣乔治屠龙是一则欧洲神话故事。传说欧洲有一座城堡,堡主的女儿十分美丽善良。恶龙得知后便威逼堡主要将其女儿作为祭品献给它,就在恶龙准备接收这份"祭品"时,上帝的骑士圣乔治以主之名突然出现,经过一番激烈搏斗,终于将极其凶残的恶龙铲除,同时一地的龙血渐渐形成一个十字形。

在《爱丽丝镜中奇遇记》的第一版中,坦尼尔画出了这头巨兽:状如爬行动物,脖颈硕大,拥有啮齿动物河狸的门牙及蝙蝠的巨型翅膀,头部伸出两根触角,嘴旁落下两根触须。全身布满鳞片,却穿着一件非常合身的纽扣马夹,还戴了护腿!坦尼尔的这幅作品本来被选作了封面,但他征询了他认识的三十多位母亲的意见,发现大家一致认为这幅画实在太过可怕(坦尼尔也是这么想的)。于是,最后出现在封面上的是爱丽丝与白骑士。蒂姆·伯顿电影版本中的杰伯沃克与坦尼尔描绘的巨龙十分相似,只不过翅膀上多了利爪,牙齿也更为尖锐。此外,电影中的巨龙名为"杰伯沃基"(这其实是诗歌名),而非"杰伯沃克"(这才是巨龙真正的名字)。

屠集林的奇怪居民

在迪士尼改编的动画(1951年)中,爱丽丝数次进入屠集林探险,这座树木丛生的林子曾出现在《杰伯沃基》诗歌中。这里是"四通八达的十字路口",每一棵树上都挂着指向各个方向的路牌。这是《杰伯沃基》的第一段!爱丽丝第一次遇见柴郡猫也是在这座林子中,它正在低声哼唱……经历了若干波折后,爱丽丝迷失了方向,重新回到了林子中。这时,她遇见了rath,即著名的青猪,这种动物在动画中的形象是生长在陆地上的海葵。它们长着两条腿,头上顶着一团好似触

《爱丽丝镜中奇遇记》原版中的杰伯沃克,由坦尼尔绘制

　　　　　　　　　　与生物学家一起读《爱丽丝梦游仙境》

角的毛。它们聚在一起，组成了一个箭头，为爱丽丝指明道路。爱丽丝还遇见了许多前所未见的生物，都是动物（大多是鸟类）与物品的融合体，比如眼镜鸟、镜子鸟、喇叭鸭、雨伞秃鹫、铲子鸟、手风琴猫头鹰、扫把狗，还有鼓蛙与钹蛙！你是不是在想，我们不可能在现实世界中找到如此古怪的动物？不如打个赌吧！

要找到"戴眼镜"的动物，这比较简单。说实话，只要动物眼睛周围有斑点或纹路，我们就会以"眼镜"为其命名。名字中带"眼镜"的动物，光鸟类就有十几种①，体形有大有小，有的常见，有的奇异，包括澳大利亚鹈鹕（*Pelecanus conspicillatus*）、眼镜鸮（*Pulsatrix perspicillata*）、裸眼鸫（*Turdus nudigenis*）、白眶绒鸭（*Somateria fischeri*）、黄眉绿唐纳雀（*Chlorothraupis olivacea*）等。除了鸟类，还有其他"戴眼镜"的动物，比如眼镜熊（*Tremarctos ornatus*），不用说，它们的双眼周围自然有着白色纹路；眼镜凯门鳄（*Caiman crocodilus*）的眼周皮肤突起，仿佛戴着眼镜一般；印度眼镜蛇（*Naja naja*）的皮褶上有两处明显的白色圆圈，以一道曲线相连，外围饰以黑色边框。这个图案会令人联想起什么？你绝对不会猜不到！那就是眼镜！

说到喙部像铲子一样的鸟类，我们有一位完美候选者。其实，如果它们不是那么烦人的话，也能充当波洛戈乌。它

---

① 这些动物的法语名中均带有"眼镜"。——译者注

们就是尼罗河的鲸头鹳（*Balaeniceps rex*），它们的羽毛呈灰色，腿细，脚掌硕大，生活在非洲湿润地带，因为喙部形状独特，所以极好辨认。鲸头鹳会用喙部捕捉鱼类、蛙类及其他滑溜溜的猎物。它们的喙部深处长有钩子，可以防止猎物逃跑。在英语中，鲸头鹳被称为"鞋喙"（shoebill）。它们还有好几个名称，都与鞋子、木屐或拖鞋有关。但是，不要弄错了，它们的嘴看起来还很像一把铲子！

前景：一对鲸头鹳，意大利《百科全书》，19世纪

世界上还有雨伞鸟！这很不可思议,但千真万确！伞鸟(英语中称作 umbrellabird)是伞鸟科下三种鸟类的统称,它们的羽毛乌黑,生活在湿润的亚马孙雨林中。这三种鸟的羽冠都十分特别,和摇滚乐歌星猫王打了大量发胶的"飞机头"有点类似,脑袋上仿佛扣了一个高高的碗。

其中最特别的无疑是长耳垂伞鸟(*Cephalopterus penduliger*),除了发型可笑以外,它的胸部还垂着长长的垂肉(和火鸡有点像)。这是一种皮肤赘生物,可长达 35 厘米。

还有一种鸟,虽然名字中不带伞,却在模仿遮阳伞,那就是黑鹭(*Egretta ardesiaca*)。这种黑色的鸟儿生活在非洲,形似小型的鹭,脖子长长的,时常待在水中抓小鱼吃。为了填饱肚子,黑鹭独创了一门捕食绝技。它们会将翅膀展开,绕身体围成一圈,形成遮阳伞的模样,再将头埋在翅膀下,如此便在水上造了一块阴凉地,能吸引鱼儿过来乘凉。这个时候,黑鹭就能轻松猎食了！20 世纪初,人们便已经对这种捕鱼方法有所记载,被称作"树冠捕鱼法"(canopy feeding,黑鹭捕鱼时仿佛树冠在水上投下了阴影)。黑鹭猎食有时会群体出动,它们肩并肩地在水上做出同样动作,这大概会让鱼类错以为自己来到了丛林中！

还有许许多多动物以物品为名,或拥有与日常物件类似的行为,这里就不一一展开了。你听见嗡嗡声和唧唧声了吗？肯定是旁边的花园里有昆虫在嗡嗡叫呢。一起去看看吧！

这绝对不是用来乘凉小憩的树荫呀……

　　　　　　　　　与生物学家一起读《爱丽丝梦游仙境》

第 **4** 章 镜子里的昆虫

"你不喜欢所有的昆虫啦?"

在我们人类的世界中,昆虫并不起眼。但在刘易斯·卡罗尔的世界里,因体形及剧情需要,它们出众多了。爱丽丝遇到毛毛虫时,他俩一样大(7厘米),后来她又碰见了好几只更大的昆虫:蜜蜂大象不知是什么动物(是昆虫还是哺乳动物?);飞虫几乎和鸡一般大;胡蜂的段落被作者删去了,它头戴假发,无论是体形还是举止都像极了老爷爷。虽然昆虫对爱丽丝挺友善的,爱丽丝却无法爱上它们,因为,用她的话来说就是:"我根本就不爱好昆虫(……)反之,我害怕它们……尤其是那些大的。"

然而,正是因为昆虫的帮忙,我们爱吃的水果才能开花结果,茁壮成长。部分植物更是通过昆虫来繁殖的。得益于植物与授粉昆虫间的特殊关系(这是原因之一),花朵才能如此赏心悦目,拥有繁多的颜色、形状与香气。昆虫还参与到了有机物(动物排泄物、枯死的树木等)的循环中,这是食物链的重要一环。生态系统的正常运转离不开昆虫的贡献。(没错,昆虫是我们的朋友!)世界上有百万种昆虫,它们形态各异、五彩缤纷,总有一种能让爱丽丝喜欢。

来,吃一小口蘑菇,我们一起近距离了解一下这些神奇生物吧!

昆虫是什么?

直觉告诉我们,昆虫就是有六条腿的小动物,但是,并不是所有六条腿的动物都是昆虫（否则就太简单了）。

让我们从基本概念开始说起：昆虫是动物界的一部分。动物界有若干门（目前为 36 门），昆虫属于节肢动物门。节肢动物的身体分为好几节，骨骼在外（也就是我们通常说的"外壳"）。昆虫要想长大，就必须蜕壳（我们在第 1 章中已经说过）。节肢动物门包括甲壳动物、蛛形动物以及马陆（也叫"千足虫"），是动物中物种最多的一门，涵盖了超过 80% 的已知动物种类（主要因为昆虫种类太多）。

节肢动物门下有一个六足亚门（字面意思就是"六只脚"）。除了昆虫外，六足亚门还包括弹尾目、原尾目与双尾目。这三目下的动物与昆虫的区别在于，它们的口器藏于头部下方的袋子中，而昆虫的口器则是外露的。

总结一下，昆虫骨骼在外，身体分为若干节，分别是头部、胸部与腹部。胸部长有三对足，如果有翅膀，也长在胸部。口器位于头部之外。不同的昆虫饮食习惯不同，它们的口器形状也有所不同。昆虫的一个特征是它们不通过嘴巴或"鼻子"呼吸，也没有肺部。它们会通过身上的小气孔，也就是"气门"，来吸入空气。空气被吸入体内后，由气管负责运输到身体的各个地方。

昆虫种类丰富多样，能够适应各种环境（陆地与水域）及气候：无论在炎热的沙漠（比如蚂蚁和金龟子），还是在极寒多雪地域，我们都能见到昆虫的足迹。雪蝇（*Chionea valga*）就生活在冻土层与雪层之间，它们的生活环境平均温度为零下 5 摄氏度。另一种生活在极寒地区的昆虫是南极蠓（*Belgica antarctica*），如名字所示，这种昆虫是南极特有的物种。

继续聊一聊昆虫之最吧：最大的昆虫是中国巨竹节虫（*Phryganistria chinensis Zhao*），发现于 2014 年，足部展开时，体长可达 62.4 厘米；最小的昆虫是寄生蜂（*Dicopomorpha echmepterygis*）的雄虫，这是一种寄生性蜂类，体长仅为 130 微米，比有的阿米巴原虫[①]还要小。要找到体重最重的昆虫一点儿也不简单，闯入决赛的选手有巨沙螽（*Deinacrida sp*），它们重约 70 克，以及数种过百克的鞘翅目昆虫，比如歌利亚大角花金龟（*Goliathus goliatus*）及亚克提恩大兜虫（*Megasoma actaeon*）。人们甚至曾发现过一只重达 228 克的亚克提恩大兜虫幼虫。我们拿小白鼠和它比一比，一只小白鼠才 20 多克呢！

昆虫形态各异，部分昆虫完全就是仙境居民的模样。角蝉科昆虫的头顶长有突起（是胸的扩展部分），仿佛戴着疯帽子制作的帽子一样。有的角蝉科昆虫看起来像荆棘，有的像鸟粪，有的像树叶，还有的甚至像其他昆虫，比如胡蜂或蚂蚁……巴西角蝉（*Bocydium globulare*）长得十分讨喜，它看起来如同一架直升机。长颈鹿象鼻虫（*Trachelophorus giraffa*）的脖子简直长得过分。突眼蝇科（*Diopsidae*）昆虫

---

① 阿米巴原虫（Amoeba）是单细胞真核生物。阿米巴原虫通过伸长或收缩伪足不断改变自身形状，借此进行运动及进食。阿米巴原虫的大小差异较大，最小的仅 2～3 微米，较大可达肉眼可见的 5 毫米。

与生物学家一起读《爱丽丝梦游仙境》

的头部长着一对长长的眼柄,双眼位于眼柄的顶端。黑条灰灯蛾(*Creatonotos gangis*)雄虫的嗅觉器官长在腹部,膨胀时十分吓人。还有一些昆虫是名副其实的会飞的小珠宝,比如黄金龟甲虫(*Charidotella sexpunctata*)。若要一一列举奇异昆虫,名单可太长了。

如果你对奇形怪状的小虫子感兴趣,不妨搜一搜"拟态昆虫"的图片,部分昆虫的模仿简直活灵活现。现在让我们来看一看,爱丽丝都遇到了哪些昆虫吧!

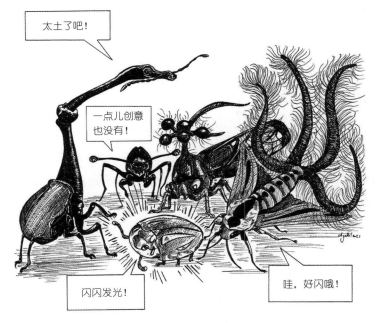

黄金龟甲虫的才艺秀,观众分别是长颈鹿象鼻虫、突眼蝇、巴西角蝉和黑条灰灯蛾

抽水烟的毛毛虫

爱丽丝初见毛毛虫时，毛毛虫正盘在蘑菇顶端，平静地吸着水烟。然而，既然昆虫不用"嘴"呼吸，它们又怎么能抽烟呢？或许得把水烟嘴插进气门里吧。要是插画家把这一幕画出来，肯定非常好笑！其实，插画中毛毛虫的手脚往往比现实中的多出不少。毛毛虫，也就是未来的蝴蝶，和其他昆虫一样只有六只脚。我们在毛毛虫腹部（身体中段）隐约看到的"脚"并不是真正的脚，而是小小的腹足。每只毛毛虫的腹足数量不一，上面长着钩子和吸盘，让它方便移动，也能攀附于物体之上。毛毛虫真正的脚其实位于身体上段，就在脑袋下方。

在爱丽丝的故事中，作者对毛毛虫的外观没有描写太多内容，我们只知道它是蓝色的。不过在多部改编作品里，我们能看到色彩缤纷的毛毛虫，比如迪士尼的动画片以及蒂姆·波顿的电影。电影中的毛毛虫甚至有了自己的名字——阿布索伦，但原著中的毛毛虫就叫"毛毛虫"（Caterpillar）。

大自然中真的有蓝色的毛毛虫吗？答案是肯定的！实际上，毛毛虫大多色彩斑斓，比如舟蛾科的一种蛾（*Heterocampa umbrata*）的幼虫便是粉紫色的，而金凤蝶（*Papilio machaon*，一种十分美丽且常见的蝴蝶）的幼虫在发育末期将换上绿色、橙色与黑色的美丽新装。

在这幅插画中,我们能清楚看见毛毛虫位于头部附近的
真正的脚,以及位于腹部的"假脚"

　　毛毛虫的颜色在成长过程中会时常变换,也会随着生活
环境的改变而变化。暗淡无光的幼虫可能会蜕变为色彩鲜
艳的蝴蝶与飞蛾,截然相反的情况也是存在的。比如艳红色
的孔雀蛱蝶(*Aglais io*),翅膀上点缀着蓝色与黄色的眼睛图
案,而它们的幼虫却是黑色的,还长有刺毛。

　　说起蓝色的毛毛虫,我们可以在法国观察到 *Diloba cae-
ruleocephala* 的幼虫,它们的头部就是蓝色的。*Diloba caer-
uleocephala* 是一种飞蛾,颜色很深,但在发育的一个阶段,它
们的身体会呈现蓝灰色,并带有黄色条纹以及小小的黑色尖

刺。还有更令人目眩神迷的：刻克罗普斯蚕蛾（*Hyalophora cecropia*，北美洲发现的最大的蛾）以及胡桃角蛾（*Citheronia regalis*，体长 15 厘米！）的幼虫在发育的最后阶段会呈现蓝绿色，身上还会长出美丽的凸起、彩色的小角或小球，看上去十分有趣！

刻克罗普斯蚕蛾与其幼虫

现在，让我们一起穿过镜子，去看一看另一种时常为人类所用的昆虫吧！

—蚕丝与蚕茧—

部分法语版本将毛毛虫译为"桑蚕"。因为在故事中，爱丽丝称毛毛虫为"先生"，而先生是阳性词，这么翻译似乎更合乎逻辑。[①]

然而，蚕蛾（*Bombyx mori*）的幼虫——桑蚕全身都是白色的，并不符合书中毛毛虫的颜色。让我们来进一步了解法语版本中的这种毛毛虫吧！

蚕蛾是一种蛾，通体发白，长有绒毛，原产自中国。蚕蛾与西方蜜蜂（*Apis mellifera*）一样，都是驯化物种，经人工选择而来，如今已不存在野生蚕蛾。根据不同特征，比如蜕皮次数、发育周期以及产丝量，蚕蛾可以被分为数个品种。为了获取质量上乘的丝，人们选用不同品种的蚕蛾进行了杂交，导致这种飞蛾的雌虫如今已无法飞翔！

据估计，中国人从商朝（前 17 世纪至前 11 世纪）便开始使用丝绸制衣了。上千年后，这一产业才传播至亚洲其他地区，随后抵达了拜占庭帝国、波斯帝国

---

① 在法语中，桑蚕为阳性词，而毛毛虫为阴性词。——译者注

及欧洲。直到 11 世纪，法国南部地区才开始养蚕制丝，那里的气候十分适合飞蛾生活。19 世纪末，贝桑松的工程师夏尔多内（Hilaire de Chardonnet）发明了人造丝，即黏胶纤维，养蚕业开始没落。

桑蚕是完全变态发育昆虫，会经历完整的变态过程。不同品种的虫卵会以不同方式孵化。孵化后的幼虫会连续经历 4 次蜕皮，并在一个月内达到最大体形。然后就是真正的变身了！好吃懒做的蚕宝宝将停止进食，找到合适的栖息之处，以便结茧。借助体侧的两处大型丝腺体（丝腺体舒展开时可长达 25 厘米），桑蚕能连续不断地吐出丝，且仅此一根。不同种吐出的丝长度会有不同，介于 300 米至 1500 米之间。

桑蚕吐丝结茧，将自己包裹起来，这么做 3 天至 4 天后，便变成了蛹。而后需要再等待 15 天，蚕蛾才会刺破蚕茧，破茧而出。被蚕蛾刺破的丝便无法再用来纺织了。因此，养蚕人会趁蚕蛾还未破茧之时，将蛹放入沸水中焖煮。桑蚕的一生实在太苦了……然而，即使蚕宝宝变成了蚕蛾，生命也不见得有多么美好。蚕蛾没有口器，只能依赖幼虫时期储备的食物过活，生命仅有约两周的时间。

德国博物学家、艺术家玛丽亚·西比拉·梅里安（Maria Sibylla Merian）
的桑蚕研究（1679），她是研究昆虫变态发育过程的学者之一

> 如果爱丽丝遇见的毛毛虫真的是桑蚕,那么它或许是希望"借烟消愁",以忘记"生命如此短暂"的烦恼吧!

唠叨的飞虫

在镜子中的世界里,为了抵达另一个棋盘格,爱丽丝跑下小山,却发现自己登上了火车,耳边传来一阵阵低语。过了一会儿,爱丽丝发现,在她耳边说话的原来是一只不同寻常的飞虫,长得和鸡一般大,还喜欢玩文字游戏。在我们的语言中,"飞虫"这个词是一个统称,指代的往往是双翅目下的小昆虫。世界上有各种各样的小飞虫,我们也不知道爱丽丝遇到的究竟是哪一种。

不过,这只飞虫似乎具备一定的科学素养。当爱丽丝提起她知道的昆虫时,这只飞虫便能找出镜中世界的类似物种。它或许是一种果蝇,夏天及秋天时,我们经常会在剩饭剩菜中发现这种小小的苍蝇。有一种果蝇叫做黑腹果蝇(*Drosophila melanogaster*),它们出现在实验室中的频率很高,甚至被认为是驯化物种。黑腹果蝇易于繁殖,体形娇小,占用空间不大,因此被选作模式生物①。这种果蝇的雄蝇及雌蝇容易区分,且雌蝇产卵量大。此外,果蝇生命周期短(在25摄氏度环境下为15天),仅具有4对染色体,是理想的遗传学研究对象。

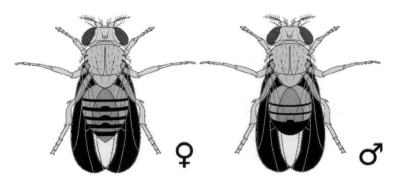

雌性果蝇与雄性果蝇

20世纪初,美国生物学家托马斯·亨特·摩尔根(Thomas Hunt Morgan)为了研究遗传学,需要寻找动物作为研究对象。从此以后,这种果蝇便成为了实验室中的大明星,也成了遗传学研究领域中最常使用、最知名的物种,被用在了大量的研究中。不同物种的部分生物过程是类似的,在小小果蝇身上得出的研究发现也适用于其他物种,包括人类。研究者甚至开始从行为学角度对果蝇进行研究,比如尝

① 模式生物是生物学家选定的用于科学研究,揭示某种普遍规律的生命现象的生物物种。

试理解某些成瘾行为以及多种物种共有的行为，包括择偶模仿。[①]

博学的飞虫听了爱丽丝列举的昆虫后，向她介绍了镜中世界的类似物种。这一部分充斥着文字游戏，翻译难度较大。译者可能会选择保留原文的"物种"，让文字与插画中的角色形象一致；或是选择保留文字游戏，如此一来便只能（有的时候）变换物种了。亨利·帕里佐选择了后一种处理方式。若你好奇为什么在有的插画或电影中会出现摇来摇去的木马蝇或黄油面包蝶，这就是原因。

接下来，我们会讲解每一个物种的两个版本[②]。爱丽丝提到的第一个物种是马蝇（horse-fly），属双翅目虻科。几乎没有人喜欢这种小昆虫，因为雌性马蝇需吸食血液才能繁殖。若被它们咬伤，伤口会十分疼痛。在镜中世界，马蝇变成了摇来摇去的木马蝇。在我们的世界里，确实没有这种会飞的摇摇木马蝇（可惜了，如果这种生物真的存在，一定挺可爱的），但有一种昆虫与它们类似，那就是糙纹大枝蝗（*Pseudoproscopia scabra*）。糙纹大枝蝗生活在南美洲，俗称"马脸蝗"，它们的身体仿佛细小的枯树枝，险些就能让人相信它们是木头做的。

---

① 择偶模仿，简单来说就是你喜欢的，我也喜欢。即个体在选择配偶时会受到同性别的其他个体的影响，倾向认为被他人选择的个体更有吸引力，而做出相同或相似的配偶选择的现象。

② 两个版本分别为爱丽丝提到的昆虫以及镜中世界对应的昆虫。——译者注

法语版本中的"mirlitaon"一词比较复杂。这个词语可以指代多种物品：蛋糕、铁路信号、帽子、某种植物，或某种乐器。法语版本采用的是最后一种意思。这种乐器是一块空心的木头，里面有膜，吹奏时能改变音色。在过去，人们会用纸条将这种乐器的管子包裹起来，还会将被认为是烂诗的诗句写在纸条上。这大概就是为什么，书中的"mirlitaon"以"愚蠢的字谜和诗句"为食吧。

现实世界中的昆虫也懂音乐，它们主要在繁殖期间高声歌唱。它们以各自的方法来发出声响：震动翅膀（比如果蝇），让翅膀相互摩擦（比如螽斯或蟋蟀），用翅膀摩擦后足腿节（比如蝗虫），或摩擦身体的其他部位（比如鞘翅目昆虫）。雄蝉有一个特殊器官，由发音膜组成，与腹部肌肉相连。腹部肌肉收缩，膜就会变形，从而发出声音。温度过低时（低于22摄氏度），膜会因为太过僵硬而无法变形，雄蝉的歌声便休止了。

爱丽丝提到的第二种动物是蜻蜓或豆娘[①]。蜻蜓及豆娘都是蜻蜓目动物，但分属不同亚目。豆娘属均翅亚目，而蜻蜓属差翅亚目。若要分辨这两种昆虫，有一个很简单的方法：当昆虫停在某处时，你可以观察它的翅膀，豆娘会将翅膀合拢于背部上方，而蜻蜓则会将翅膀伸展在身体两侧。

在镜中世界，豆娘化身为一个年轻小伙，长着长长的头

---

① 俗称，学名为螅。——译者注

发和鸟类的翅膀。蜻蜓则变成了金鱼草蜻蜓（snap-dragon-fly），身体是李子蛋糕（圣诞节的传统糕点）做的，翅膀是用冬青树叶做的，头则是白兰地酒中熊熊燃烧的葡萄干。金鱼草蜻蜓的名字其实是一个游戏，叫做抢龙（snapdragon），自16世纪开始流行。玩法是把葡萄干放进装满白兰地的大碗中，将酒点燃后，人们抢吃其中的葡萄干。听完飞虫介绍的金鱼草蜻蜓后，爱丽丝作出了如下评价："怪不得昆虫总爱往蜡烛上飞呢，因为它们想变成金鱼草蜻蜓！"

镜中世界的金鱼草蜻蜓

　　部分昆虫深深地迷恋着火光，比如苍蝇就喜欢往最明亮的高处飞去。夜行性昆虫难以抵抗人造光源的诱惑，科学家对此提出了数种假设，但具体原因尚无定论。有的昆虫会积极地搜寻森林中哪里发生了火灾，因为它们的卵需要在烧焦的木头中孵化成幼虫并成长。这就是所谓的"嗜火虫",它们会被浓烟及强烈的火光吸引,比如鞘翅目吉丁科的火甲虫(*Melanophila* 属昆虫)。人们发现这种昆虫的腹部带有特殊的红外线接收器。马塞尔·欣茨(Marcel Hinz)及团队研究了澳大利亚火甲虫(*Merimna atrata*),并提出假设:这种昆虫能通过红外线接收器感知外界温度,从而避免触碰温度过高的物体表面。

还有其他种类的"嗜火虫",它们会被烟火的气味吸引,主要包括苍蝇(比如 *Microsania australis*、*Hypocerides nearcticu*s 及 *Anabarhynchus hyalipennis*①)和胡蜂(比如雪松木胡蜂及 *Syntexis libocedrii*),以及蛾类……

爱丽丝提到的最后一种动物是蝴蝶。在镜中世界,蝴蝶变成了黄油面包蝶(bread-and-butter-fly)。虽然我们在现实世界中尚未见过用黄油面包做翅膀的蝴蝶,但大自然中仍不乏令人惊艳的蝴蝶种类。宽纹黑脉绡蝶(*Greta oto*)的翅膀是完全透明的;枯叶蛱蝶(*Kallima inachus*)的翅膀折叠起来时,仿佛一片枯树叶,而当翅膀展开时,则会呈现出美丽的蓝色、橙色与黑色。

蛾类也毫不逊色:草螟昆虫(*Siamusotima aranea*)的翅膀展开时,会露出形似蜘蛛的图案;夜蛾科昆虫(*Eudryas unio*)的翅膀收拢时看起来像一坨鸟粪;而月形天蚕蛾

---

① 此处都是不同苍蝇的拉丁学名。

（*Actias luna*）与伊莎贝拉天蚕蛾（*Graellsia isabellae*）仿佛就是从童话故事里飞出来的。

月形天蚕蛾（*Actias luna*）

博学的飞虫非常喜欢各种各样的昆虫，对它们的俗称与学名也很感兴趣，因为它热衷于玩文字游戏（见后文灰框内的文字）。现在，我们对昆虫已经有了一定的了解，不如跨过几条小溪，去看看昆虫的近亲——甲壳动物以及其他海洋动物吧。它们似乎在跳四对舞！

—生物的名字—

博学的飞虫对我们世界中的昆虫及它们的名字很好奇,它问爱丽丝:"如果它们不会答应自己的名字,那么有名字又有什么用呢?"

"对它们来说没有用。"爱丽丝说,"但是对于替它们起名字的人有用,我想。否则,各种东西究竟为什么要有名字呢?"

爱丽丝说得没错。对于生物来说,有的时候拉丁学名可能有点儿野蛮,有的时候甚至还很滑稽,但这些名字都是有用处的。让我们来聊一聊物种的命名规则吧!在历史长河中,人们往往会用通用名称来为一些物种命名,或者用一个短语来描述它们。但这么做并不方便记录,科学家之间也难以交流讨论。18 世纪,瑞典植物学家林奈提出了一种命名方法:以"属名"来为每一物种命名,并在"属名"后加上修饰语,表示该物种的特征。举个例子,爱丽丝是智人(*Homo sapiens*),属于人属(*Homo*)。起初,物种命名的规则还较为模糊。1843 年出现在英国的斯特里克兰规则及 1961 年出台的国际规则让命名规则趋于完善。不过这些规则并不是一成不变的，如今有专门的委员会负责修订国际命名规则。

你大概已经发现了，本书中每个物种的名称都以大写字母开头，用斜体书写。物种的名称过去用的是拉丁语，如今英语中的名称有时只会保留一个模棱两可的词尾，令人联想起这门古老的语言。

此外，命名者和描述物种者不能以自己的名字为物种命名。如果想将自己的姓名传于后世，就可以让同事来描述你发现的物种；也可以用家人的名字命名，毕竟你们拥有同一姓氏。若你不巧既没有什么名气，也没有什么生物学家朋友，还有一个办法，就是自掏腰包。要知道，世界上存在一种活动，叫做"命名权拍卖会"，所筹款项将用于动物研究及保护。

但是，为物种起名也不能随心所欲，有人想为一种小型甲壳动物取名来自贝加尔湖的皮肤上有中空棘刺的端足动物（*Gammaracanthuskytodermogammarus loricatobaicalensis*），就被国际动物命名法委员会否决了，因为这个学名太长、太难念了。

说点有意思的，如今最长的物种学名是 *Parastratiosphecomyia stratiosphecomyioides*，意思是"拥有近似黄蜂飞行姿态而接近水虻的"，这是一种长得像胡蜂的苍蝇。而拥有动物界中最短学名的是南蝠（*Ia io*），这是一种中国蝙蝠。

许多物种学名与物种的特征（颜色、形态）或发现地有关，但科学家也有灵感匮乏的时候。比如在 1969 年，一位名叫斯宾塞的科学家用"第一"到"第七"的序号为新发现的七种苍蝇命名（*Ophiomyia prima*，*O. secunda*，*O. tertia*，*O. quarta*，*O. quinta*，*O. sexta*，*O. septima*）。取名当天，他一定没有太多想法。

部分物种的学名致敬了名人、君主或国家领导人，比如小王莲（*Victoria cruziana*）与亚马孙王莲（*Victoria amazonica*，最大的睡莲，叶片直径可达 3 米）便以英国维多利亚女王（1819—1901）的名字为名。维多利亚·玛莉兜兰（*Paphiopedilum victoria-mariae*）与维多利亚兜兰（*Paphiopedilum victoria-regina*）也同样以维多利亚女王命名。说说离我们时代更近一些的例子吧，有 9 种物种的名字向贝拉克·奥巴马（Barack Obama）致以了敬意，还有 2 种物种以唐纳德·特朗普（Donald Trump）为名，分别是川普蛾（*Neopalpa donaldtrumpi*，因为它们的头部与特朗普的发型非常类似）与川普蚓螈（*Dermophis donaldtrumpi*，一种蠕虫状两栖动物，喜欢把头埋在沙子里。如此命名，或许是为了谴责特朗普的气候政策）。有的时候，物种的名称也会引发一些麻烦，比如有一种小型的穴居鞘翅目昆虫，在1933年被命名为希特勒无眼甲虫（*Anophthalmus hitleri*，法西斯分子大量捕杀它们，如今它们已成为濒危动物，令人惋惜……）。

再举几个名称与名人有关的物种吧：碧昂丝马蝇（*Scaptia beyonceae*）、安吉丽娜朱莉蜘蛛（*Aptostichus angelinajolieae*）、德帕迪约蜂（*Cyranorogas depardieui*）、莫氏蜂属（*Mozartella beethoveni*）、普拉切特蜘（*Anelosimus pratchetti*）和格蕾塔甲虫（*Thunberga greta*）[①]

科学家有的时候也会开些小玩笑，比如使用相同字母异序词（Rabilimis mirabilis）或回文词（Orizabus subaziro）为物种命名。有的物种的学名能够组成一个单词，比如甲虫 *Agra vation* 与 *Agra cadabra*[②]；或是组成一个短语，比如 *Vini vidivici*[③]（一种如今已灭

[①] 物种名字所关联的名人分别为美国歌手碧昂丝、美国演员安吉丽娜·朱莉、法国演员杰拉尔·德帕迪约、作曲家莫扎特与贝多芬、英国幻想小说家特里·普拉切特，以及瑞典环保人士格蕾塔·通贝里。——译者注。

[②] aggravation 是加剧、恶化的意思。abracadabra 是咒语的意思。

[③] Veni vidi vici（我来，我见，我征服），源自凯撒大帝在泽拉击败法尔纳克的军队后写给罗马元老院的捷报。

绝的鹦鹉），意思是"我来，我见，我征服"；有的甚至还能在语音学上组成一个句子，比如甲虫 *Cyclocephala nodanotherwon*（not another one），意思是"不是另一个"；胡蜂 *Heerz lukenatcha*（here's looking at you），意思是"就看你的了"。

有的时候，科学家不太喜欢自己发现的物种，而这种情感也会体现在该物种的学名里，比如一种蝴蝶叫做 *Inglorius mediocris*，意思是"可耻又平庸"；天牛科下的一个属叫做 *Scatogenus*，意思是"大粪"；以及一个物种名为 *Colon rectum*，意思是"结肠与直肠"。

最后，有的科学家在命名时还会向虚拟作品中的角色致敬，比如《魔戒》中的史麦戈（Smeagol）、咕噜（Gouum）、佛罗多（Frodo）和甘道夫（Gandalf），它们分别是 *Gollumjapyx smeagol*、*Macrostyphlus frodo* 以及 *Macrostyphlus gandalf*；还有《哈利·波特》中的格兰芬多（Gryftindor）、哈利（Harry）、西弗勒斯（Severus）和卢修斯·马尔福（Lucius Malfoy）。[①] 它们是 *Eriovixia gryffindori*、*Harryplax severus* 及 *Lusius malfoyi*），

---

① 史麦戈与咕噜是《魔戒》中一名霍比特人的本名与现用名。格兰芬多为《哈利·波特》中魔法学院的名称。哈利、西弗勒斯、卢修斯·马尔福均为《哈利·波特》中的角色名。——译者注

这里就不一一列举了。令人讶异的是，我们能找到的唯一一种与《爱丽丝梦游仙境》相关的物种，竟是以"托乌"（英语为 slithy toves）为名的细菌——*Runella slithyformis*。

虽然博学的飞虫很看重东西的名字，但有意思的是，即便是与爱丽丝交流甚多的生物，也无一拥有姓名，就连毛毛虫与白兔也没有名字。唯一拥有名字的是一个极小的角色——小壁虎比尔。不过，知道了动物的名字后，我们就能够想象它们，了解它们，也不再害怕它们了。是否正因如此，仙境与镜中世界的居民才没有名字，以此突出它们无法预知、难以捉摸的特点？

为动物取名，这并非一桩无足轻重的小事。虽然观念的改变还需要一定时间，但如今的科学家已经认识到，每一个个体都有自己的性格，他们也毫不犹豫地为自己的研究对象取了名字。日本灵长类动物学家今西锦司是这个领域的先锋人物之一，他对日本猕猴（*Macaca fuscata*）群体中的文化传播现象进行了研究。1953 年，今西锦司与团队在幸岛观察发现，一只名叫小芋（Imo）的年幼雌猴会将红薯放在海水中洗净，而猴群则模仿起了小芋的行为。长期以来，欧洲科学家一直不把今西锦司的研究方向当回事,他们拒绝将人类看作动物中的一员(日本科学家的观点则全然相反)。而今西锦司是首位断言在人类之外的其他物种中也存在文化的科学家。他说得没错!

20世纪60年代初,彼时正值青春年华的英国学者珍妮·古道尔(Jane Goodall)追随今西锦司的步伐,在坦桑尼亚发现黑猩猩也会制造与使用工具。古道尔为黑猩猩取了名字,并因此遭到嘲笑,还被戏称为"多愁善感"。经过毕生努力,古道尔终于成为了世界知名的黑猩猩(与我们亲缘关系最近的近亲)行为学专家。

今天,听见大卫·格雷比尔(David Greybeard)、芙洛(Flo)、弗林特(Flint)、菲菲(Fifi)或菲甘(Figan)这些名字①时,不会再有人胆敢发出笑声!

———————————

① 均为古道尔为黑猩猩取的名字。——译者注

第 5 章　海边漫步

"你大概没有长时间地在海底住过———""大概你甚至从没见过一只龙虾———""———所以你对跳龙虾四对舞这么好玩的事儿不可能有什么概念!"

黯然神伤的假海龟

在槌球游戏上，红心王后不断地威胁着要砍掉所有人的脑袋，这是她的一贯作风。游戏结束后，红心王后对爱丽丝说，要为她介绍一种神秘动物，与她之前遇见的各种动物一样神奇，那就是假海龟，英语名称是 mock turtle，其中 mock 一词是"仿造品"的意思。在狮身鹰面兽的陪同下，爱丽丝见到了假海龟。假海龟诉说道，它以前曾是"真正的"海龟。也就是说，它现在不再是真海龟了，只是海龟的"替身"。

书中没有描写假海龟的外貌，只以如下方式介绍它出场：……他们就看见了远处的那只假海龟，他正独自伤心地坐在一块儿不大的岩石边上。故事第一版的插画草图由刘易斯·卡罗尔亲自绘制，里面的假海龟形象十分奇怪，身上长有鳞片，更像穿山甲或犰狳，而不像海龟。它的头像树懒或海獭，长着海狗的四肢。后来，约翰·坦尼尔重绘了假海龟，他笔下的角色拥有小牛犊的头、后足及尾巴，以及海龟的"形似棒槌的前足"（方便游泳）与背甲。

爱丽丝与假海龟相互认识后，假海龟便开始讲述它的童年，聊起了学校中的故事："校长是一只老海龟——我们总是叫他陆龟——""既然他不是陆龟，你们为什么还这样叫他？"爱丽丝问。英语原版中的文字游戏说明了英国人会

想象中的假海龟

区分以下两种生物：海龟（turtle）与陆龟（tortoise）。有意思的是，英国人其实有化繁为简的习惯，他们倾向于精简动物名称，使用同一单词来指代不同物种。比如 penguin（企鹅）一词就涵盖了只生活在南极的、不会飞的企鹅，以及生活在北极的、会飞的大海雀①。这两个词的翻译错误仍层出不穷，

———————————

① 大海雀是原来生活在北极附近的北大西洋岛屿上的一种海鸟，外观上和企鹅很像。

极易混淆,需要警惕! owl(猫头鹰)一词涵盖了两种猫头鹰,它们的区别在于是否有耳羽,即长在脑袋上方的形似耳朵的羽毛。Gull(鸥)这个词可以指两种体形不同的鸥。无论如何,他们都为自己省去了不少麻烦!

随后,假海龟一边啜泣着,一边唱起了一首关于汤羹的歌谣:

> 美丽的汤,又碧绿又浓香,
>
> 烫手的汤盘里面躺!
>
> 谁能见到这样的佳肴不想俯身尝一尝?
>
> 晚餐的汤,美味的汤!
>
> 美——味——的——汤——汤!

通过假海龟唱的这首歌,刘易斯·卡罗尔描绘了维多利亚时代的英国传统:喝海龟汤。海龟汤以猪肉及绿海龟(*Chelonia mydas*)熬制而成,原是加勒比海地区(即著名的"西印度群岛")居民的食物。船员航海时也会食用。他们把动物圈养在船舱中,这是他们的主要营养来源。后来,这道汤羹传到了英国,成为了一道精致昂贵的菜肴。

1728 年,英国王室成员首次品尝了海龟汤。18 世纪 50 年代初,这道汤羹在英国上流社会中传播开来。由于市场需求量巨大,海龟汤产业走上了工业化道路。1869 年,美国得克萨斯州墨西哥湾沿岸的人率先开始生产海龟汤罐头。一家位于富尔顿的工厂一年能消耗 1000 只海龟,制出 18 吨海龟肉及超过 350 千克的汤罐头。

然而,随着墨西哥湾沿岸的海龟数量变得越来越少,1896 年,工厂关门大吉。为了满足渐渐壮大的中产阶层的需求,19 世纪的烹饪书籍建议大家以"假海龟汤"代替"海龟汤",也就是使用小牛头而非珍稀昂贵的海龟熬汤。这道菜肴逐渐走入了平民百姓家,但仍是上流社会晚宴的保留菜品。毕竟无论真假,海龟汤的烹饪难度都非常高,是一道精美佳肴,用以宴飨宾客再合适不过。以下便是一个例证。1853 年 12 月 31 日,伦敦水晶宫中举办了一场晚宴,庆贺人类历史上前所未见的恐龙雕塑展览拉开帷幕。晚宴菜单上便有假海龟汤这道菜。这场别开生面的宴会在禽龙雕塑处举行,学术大腕和名流获邀、汇集了 21 位当时最伟大的科学家,包括理查德·欧文①(Richard Owen)。就是这样!

维多利亚时期,虽然大部分居民烹饪海龟汤时都以小牛头代替了海龟,但海龟的市场需求仍十分庞大,这对海龟数量造成了极大的负面影响,这种影响直到今天仍未完全消除。除了绿海龟以外,海龟汤的风行也给其他种类的海龟带来了灾难,包括大鳄龟(*Macroclemys temminckii*),部分鳖科动物,比如佛罗里达鳖(*Apalone ferox*),甚至连美洲短吻鳄也未能幸免。

如今依旧有人使用美洲短吻鳄烹制"海龟汤"。此外,在

---

① 伦敦自然历史博物馆馆长、古生物学奠基人之一。

烹制菜肴时偷偷地以一种动物代替另一种动物,这一现象如今被称为"假海龟综合征"(mock turtle syndrome)。

在我们的海洋中生活着 7 种海龟,其中 6 种(包括绿海龟)长有由角质盾片(我们的指甲与头发的主要成分也是角蛋白)组成的坚固背甲。第 7 种海龟名叫棱皮龟(*Dermochelys coriacea*),它的背上覆着一层革质皮,这也解释了为什么它的英语名字叫 leatherback sea turtle(革龟)。坏消息是,这 7 种龟如今的生存环境并不乐观。虽然食用海龟肉及龟蛋的行为已被禁止,海龟数量也有所回升,但仍有其他因素对它们造成了威胁。

所有海龟的产卵方式都是一样的。海龟妈妈会回到自己出生的沙滩上挖一个洞,将大量龟蛋产在洞中,随后立刻离开,不为海龟宝宝流露出一丝柔情。海龟宝宝将独自长大。雌龟成年后(不同种类的海龟的成年年纪有所不同,从 20 岁至 30 岁不等)会再次回到这片沙滩,产下自己的宝宝。海龟对产卵地有着极高的忠诚度,不料却因此而遭殃。

如今,海龟往往要面对面目全非的沙滩。城市化改变了沙滩的模样,游客的到来也对沙滩造成影响,他们的宠物狗在沙滩捣乱,摧毁了海龟的巢穴。2013 年的一项研究对比了历史时期(1250 年至 1950 年)与现今(1973 年至 2012 年)夏威夷群岛中的绿海龟的行为习性,结果令人哑口无言:历史时期海龟有 15 个产卵点(其中 10 个是海龟经常光顾的),如今只有其中 6 个产卵点是海龟在产卵时会光顾的。而且,

恩斯特·海克尔（Ernst Haeckel）为其著作《自然界的艺术形态》（1899—1904）绘制的自然版画，描绘了若干种海龟及陆龟。左上角是背甲特殊的棱皮龟，右上角是玳瑁

　　　　　　　　　　　与生物学家一起读《爱丽丝梦游仙境》

90％的繁殖行为(374个窝)均在单一地点:法国护卫舰浅滩(夏威夷语为 Kānemiloha'i)。但这个地点也面临气候变暖、海平面上涨的威胁。

因种种保护措施,绿海龟的数量开始逐渐回升,但若不保护它们的栖息环境(无论陆地还是海洋),人们做的这些保护措施从长远看来也不过是无用功罢了。诚然,只要有进步就是好的,但我们可以做的还有许多……

卡罗尔的假海龟感到悲伤,确实不无理由。幸好,它还能通过跳舞来保持精气神。快跟上它的舞步吧!

龙虾四对舞

刘易斯·卡罗尔借着爱丽丝漫步海边的机会,狡黠地运用了各类文字游戏,百无禁忌,将该章节的荒诞感推向了极致!卡罗尔改编了若干首当年流行的歌曲与儿歌,提及了多种动物,主要是海洋动物。法语译本与英语原版中的动物并不完全一致,比如英语原版中的鼠海豚在亨利·帕里佐的法语翻译版本中变成了金枪鱼。许多动物都加入了这场狂热的舞蹈表演,我们无法一一列举,但会尽力撷取英法两个版本中关于动物的最有意思的事实。

回到爱丽丝的故事吧。在假海龟与狮身鹰面兽的陪伴下,爱丽丝跳起了"龙虾四对舞",这支舞蹈真叫人兴奋:

"唔,"狮身鹰说,"大家先是沿着海边站成一排——"

"是两排!"假海龟喊道,"有海豹、海龟、鲑鱼等等;然后,清除掉所有的水母——"

"这一般可是要费点儿时间。"狮身鹰插嘴说。

"——你向前上两步——"

"每人都以一只龙虾做舞伴!"狮身鹰嚷道。

四对舞在今天看来可能有些奇怪,但这种沙龙舞蹈在刘易斯·卡罗尔的年代可是十分盛行的。四对舞由两对或四对舞者演绎,他们会围成方形,跳出连贯的舞步。卡罗尔在给小朋友的信件中写道,他是一个很"特殊"的舞者,在家中练舞练得地板都坍塌了。

有人认为,卡罗尔描述的"龙虾四对舞"其实是"枪骑兵方块舞"(The Lancers)的谐音(龙虾的英语单词是 lobster,与 lancer 的发音近似,这个文字游戏自然未能逃出刘易斯·卡罗尔的手掌心)。1816 年,四对舞首次出现于都柏林,40年后传入法国。卡罗尔编写爱丽丝的故事时,这种舞蹈十分盛行,一直风靡至 20 世纪中期。

四对舞共有 5 种舞步(抽屉舞步、线形舞步、敬礼舞步、小风车舞步及枪骑兵舞步)。狮身鹰面兽与假海龟只教了爱丽丝一种舞步。那么,它们教爱丽丝到底是哪一种舞步呢?这是一个谜!

龙虾四对舞的舞步实在滑稽至极,但有意思的是,文中提到的所有动物都确实能参与到这支舞蹈中：海豹、海龟、海蜇、鲑鱼、龙虾……它们都生活在一样的环境里——欧洲寒冷水域及温带水域。

跳四对舞的人们，1805（"优雅的举止"系列画作，Le Bon Genre）

不如先从文中提到的第一种动物——海豹——说起吧！海豹与海狗的不同之处在于它们没有外耳。海豹在陆地上看起来笨手笨脚的，但它们可是游泳健将：后足已略微进化成了划水桨的模样（像鳍一样），在陆地上毫无用处（而海狗在陆地上可用后足撑地）；皮肤下有一层脂肪，钻入刺骨的海水中时，脂肪能起到保暖作用；鼻孔在水里能够关闭，这个技能在闭气时十分有用！在刘易斯·卡罗尔的英国老家生活着两种海豹：港海豹（*Phoca vitulina*）与灰海豹（*Halichoerus grypus*）。两种海豹都能在英吉利海峡的法国一侧观测到

（主要在索姆湾及大西洋沿岸）。海豹是群居动物，不觅食的时候，就会躺在沙滩上休息（注意港海豹的"香蕉姿势"，这个姿势能保持后足干燥）。

　　长期以来，人类一直在猎捕海豹，以获取它们的肉与皮（小海豹有白色的皮毛，这种皮草极受追捧）。如今，海豹已成为保护动物。20世纪初，不列颠群岛上仅余不到500只灰海豹，而今天，这个数字是12万，占全球海豹总量的40%。这是一个鼓舞人心的成果，要知道法国海岸的灰海豹也仅余500只，且它们与渔民的关系并不融洽。渔民总责怪海豹吃光了海中的鱼类。此外，四对舞的其他舞者也应该批评一下海豹的饮食习惯。若要有节奏地舞起来，必须懂得控制食欲！

左图：港海豹以"香蕉姿势"懒洋洋地躺在沙滩上；右图：一只海狗。海狗的耳朵是能看见的

水母（英语是 jellyfish，即果冻鱼的意思）肯定知道如何让食客望而却步，这样它们才能安静地跳舞。不过，海洋中也有水母忌惮的捕食者。这些捕食者主动请缨，将水母加入菜单。它们就是海龟。海龟喜欢食用胶状动物，但这种饮食习惯也存在风险。海洋中漂浮着大量塑料袋，与水母随波漂动的形态几乎一模一样。因此，可怜的爬行动物会经常误食塑料袋……可以想象，它们的胃根本无法消化这种食物！人类滥用塑料袋，而海龟首当其冲，成了受害者。

水母是大自然的珍宝。被水母触须蜇伤，皮肤会又疼又痒，这让人害怕，但它们的生命周期十分迷人。水母属于**刺胞动物门**，与它们同属一门的还有海葵与珊瑚。刺胞动物与前面提到的蝴蝶及青蛙一样，在一生中会展现出完全不一样的形态。水母的受精卵首先会发育为浮浪幼虫，这是一种带有纤毛的幼虫。而后，浮浪幼虫会发育为**水螅体**，长有口，口周围长有垂直排列的触手，有点像小型海葵。水螅体会附着在岩石或海藻上。随后，通过出芽生殖（一种无性繁殖方式，无需卵子或精子），水螅体会分裂出许多只小水母。小水母将离开岩石或藻类，自由徜徉在海洋中。如此自由自在生长的水母在成年后将释放配子（也就是生殖细胞），包括雄性配子与雌性配子，以此进行有性繁殖。繁殖完毕后，水母的生命周期便走到了终点。

当然也有例外。灯塔水母（*Turritopsis nutricula*）是一种小型水母，长仅 5 毫米，它们就像彼得·潘一样拒绝长大。

水母的发育过程(1886)。图 1～4 为浮浪幼虫;图 5～8 为水螅体,可以看到它们长出了触角与"口",附着在另一物体上;图 9～14 展示了出芽生殖的过程,这个过程会分裂出新的小水母

与生物学家一起读《爱丽丝梦游仙境》

在性成熟后因各种原因未能有性繁殖的灯塔水母会重回水螅体形态,固着在其他物体上。也就是说,这种水母能返老还童,无限重生! 回到水螅体形态后,灯塔水母的所有细胞都会再生,生命周期再次重启,宛如新生! 这种水母发现了青春永驻的秘密,从生物学上来说,它们是长生不老的。从远古时代起,这些奇怪的生物便居住在我们的海洋中了。2016 年,一支美国科研团队发现了 13 个水母化石标本(这对于软体动物而言极其罕见),其历史可追溯至寒武纪初期,也就是 5.4 亿年前。那时的生命大多存在于海洋中,还要等待上千万年,第一批恐龙才会出现(最早的恐龙化石"仅有"2.3亿年历史)。

但是,水母并非仅属于过去的动物,未来可能会出现越来越多的水母。近期研究发现,人类在海洋中架设的建筑成为了水螅体理想的停泊点,再加上海洋酸化及温度升高,使得部分种类的水母数量"大幅激增"。虽然这个现象令人类忧心忡忡,但海龟绝对不会抱怨一句!

海龟是了不起的旅行家。有的海龟出生在南半球的沙滩上(加勒比地区、澳大利亚),但会不远万里前往欧洲或北美洲的海岸,尽享美味的水母与鱼类! 令人惊讶的是,有人曾多次在英国海岸附近见到棱皮龟(目前最大的海龟)!

但唯有一个条件要满足,那就是该地的温度不能低于 10摄氏度。当温度低于 10 摄氏度时,海龟会变得迟钝,动作放缓,能量均用于维持最低限度的身体机能。海龟与近亲蜥蜴和蛇一样,体温会随着外界温度的改变而改变。过去,人们称这些动物为"冷血动物",但使用**变温动物**形容它们更为准确。与之相对的是**恒温动物**,即能控制自身体温的动物(比如哺乳动物和鸟类)。其实,当外界温度较低时,海龟体内也并非冷冰冰的,只是它们迫切需要热量,有了热量才能活跃起来。

海龟的体温虽然取决于外界温度,但这并不妨碍它们长途跋涉上万公里,前往远方繁殖。它们在海洋中定位的能力至今仍是一个谜。有人认为,海龟会利用地球磁场来寻找方向。这个"工具"不分昼夜,不受季节与天气影响,无论在海洋里多深的地方都能使用!鲑鱼与龙虾也会使用地球磁场来导航,这两种动物同样也是了不起的旅行家!

说起长途旅行,不用怀疑,鲑鱼是个行家!比如大西洋鲑(*Salmo salar*)的出生地与繁殖地间相隔万里,但它们仍不满足,甚至还会完全改变生活环境!11月至次年1月,成年大西洋鲑会在河流中交配产卵,鱼卵将被藏在河中的砂石下度过冬天。4月,**鱼苗**孵化,但仍会隐匿在砂石下数周,仅依靠**卵黄囊**中的物质过活。鱼苗还在胚胎里时,肚子上就会长出卵黄囊,类似一个营养袋。5月底,鱼苗开始自行觅食,渐渐长大。鲑鱼幼鱼将在河流中生活一至两年,它们非常适应河流环境。凭借大大的鱼鳍,鲑鱼幼鱼能潜到河底捕捉猎物!

等它们长到15厘米后,便会"扬帆起航",前往海洋。此时,它们的外观会发生变化,带有斑点的身体表面(与近亲鳟鱼类似)将变为银色,与成年鲑鱼的有些相似。外观的改变不仅仅是为了好看:为了适应漆黑的海洋,它们的眼睛会变大;为了抵抗咸水的**渗透压**,它们的皮肤会变厚;就连行为习性也会有所改变。生活在河流中的鲑鱼幼鱼领地意识极强,而**准备入海的小鲑鱼**则会成群结队,能够容忍同伴靠近自己。小鲑鱼沿河而下,离开出生地,游入大海——一个与它们的出生地截然不同的环境。而后,它们会向北方游去,沿途寻找食物,有时甚至能游到格陵兰岛!入海后的小鲑鱼长得很快,最长可达 60 厘米。在咸水中生活 1 年到 3 年后,大西洋鲑便会逆着水流,重返出生地。这种寻路能力一直是科学家们十分感兴趣的话题。

现在我们已经知道,除了利用地磁场外,鲑鱼还能记住出生地的气味!20 世纪初以来,多位科学家观察发现,嗅觉神经受损的鲑鱼难以找到回程的路。鲑鱼的捕食者往往会埋伏在它们回家的路上,比如棕熊有时就会在瀑布顶端张开大嘴,等待一大群鲑鱼自投罗网!

鲑鱼重返出生地的目的只有一个,那就是传宗接代。抵达淡水水域后,它们甚至连饭也不吃了。一刻也不能耽误!雄鱼来到产卵地后,外观会再次发生变化。**繁殖期的雄鲑鱼**下颌会变长扭曲,嘴部长出模样可怕的尖钩。变了形的嘴是雄鱼对决时的武器,胜者便能获得为鱼卵授精的机会。雌鱼会将鱼卵产在河流深处的碎石缝隙中。雄鱼会以极大的热情来为鱼卵授精,以至于大部分雄鱼在交配完成后便会死去。存活下来的雄鱼(不到20%)外观将恢复正常,嘴部尖钩消失不见。它们将与雌鱼一同返回大海。一两年后,这些美丽的鱼儿还会回来。旅途愉快!

不同形态的大西洋鲑:繁殖期的雄鲑鱼、意图吸引雄性的雌鲑鱼,以及小鲑鱼(从上至下)

欧洲螯龙虾(*Homarus gammarus*)使用磁场定向的能力十分有名。与水母和鲑鱼一样,螯龙虾一生也会经历几个截然不同的生命阶段。当螯龙虾还是微小的幼虫时,它们会漫游在海洋中的浮游生物间。蜕壳数次后,它们才会变得像甲壳动物,长出关节分明的足部。螯龙虾共有十只足,其中两只为钳子状,这与龙虾有所不同,龙虾是没有钳子的。螯龙虾的两只钳子也并不完全相同,一只较大,用于捣碎食物,另一只较小,用于切割食物。

和人类一样，螯龙虾也有左撇子与右撇子之分：有的会用左钳子切割食物，有的会用右钳子。小的时候，它们的两只钳子都是"惯用钳"，在成长的过程中才慢慢有所区分。

此外，螯龙虾一生都在生长（我们把这个叫做**无限生长**）。钳子或足部断了之后，它们可以通过连续蜕壳来长出新的钳子或足（要重新长出完好的器官，需要蜕壳若干次）。只要不被人类捕获，或被捕食者吞进肚子，螯龙虾能活 40 多年。1999 年加拿大科学家发表的一项研究估计，雄性螯龙虾的平均寿命为 31 年，雌性的为 54 年，目前知晓的最年长的螯龙虾女士有 72 岁！

红龙虾（上方）与长有钳子的蓝色螯龙虾（下方）

螯龙虾的繁殖方式也值得聊一聊。美国电视剧《老友记》第二季第 14 集中,其中一位主角菲比表示,螯龙虾一旦相爱便会厮守终生,它们会钳子牵着钳子,一起散步。当时罗斯爱上了瑞秋,却没能讨得瑞秋的欢心,正唉声叹气。于是菲比对罗斯说:"她是你的螯龙虾。"意思是无论发生什么,罗斯与瑞秋注定会走到一起。但这不具有一丝一毫的真实性,抱歉让浪漫的读者(以及电视剧的粉丝)失望了。这么说吧,在特定时刻,也就是蜕壳之后,雌性螯龙虾只能与一只雄性交配,但雄性却能征服多只雌性。螯龙虾夫妇即便在某些时刻只有彼此,但交配完成后,它们很可能此生都不会再相见了。

蜕壳后的雌性很脆弱,皮肤会变得柔软,这种状态将持续数天时间。因此它们需要寻找巢穴以便躲藏。雄性会相互斗争,为舒适的巢穴大打出手,好邀请雌性共同入住。找到另一半后,雄性螯龙虾便会守护着雌性,等待后者蜕壳,然后交配(部分心急火燎的雄性甚至会帮助对方蜕下旧壳)。交配时,雄性会将**精子囊**(装满了精子的小袋子)插入雌性体内(雌性腹腔有一处开口)。雌性可能会将精子囊储存在体内若干月,然后再用它来使卵子授精。雌性螯龙虾在蜕壳后会和雄性一起生活几天。一旦卵被授精,雌性就会守护着受精卵,将它们挂在尾巴下方 9 至 11 个月(观察尾巴大小,便可轻易分辨雌雄。前者的尾巴通常较大,以便放下它们的受精卵)。

　　　　　　　　　　　　与生物学家一起读《爱丽丝梦游仙境》

与许多作品中的形象不一样（比如 1983 年的日本动画片《爱丽丝梦游仙境》的"龙虾舞"一集，这部动画片由杉山卓执导），螯龙虾并不是生来就是红色的。正常情况下，它们的身体是棕绿色的，有时会呈现出非常淡的蓝色。螯龙虾的外壳中含有多种物质，包括虾青素。这是一种类胡萝卜素（存在于橙子与胡萝卜中的橙红色色素），与一种叫做甲壳蓝蛋白的特殊**蛋白质**相连。当虾青素与甲壳蓝蛋白间的链接被破坏时，比如遭受高温，橙红色就会显现出来。甲壳蓝蛋白会展开并释放色素，因此煮熟后的螯龙虾外壳会变成红色。

最后，螯龙虾确实是四对舞的完美人选，它们能向前走、向前游，还能向后走和向后游！受到惊吓的螯龙虾会快速摆动尾巴，将自己朝后方抛射出去！遇到捕食者时，这个技能十分有用。若是遇到了手脚笨拙却跳得很欢、还会踩你脚的舞伴，这个技能也能派上用场！

还是回到我们的四对舞吧。狮身鹰面兽与假海龟为爱丽丝介绍完了四对舞的舞者后，便与她跳起了舞。奇怪的融合生物还唱起了一首悲伤的歌，歌里出现了几种海洋生物，十分滑稽：

蜗牛回答："太远，太远！"然后斜着看了看——

说他感谢鳕鱼的好意，但他不愿参加舞会……

"我们走多远那有什么要紧？"他那多鳞的朋友这样回答，

"你要知道，大海另一边就是彼岸，

离英格兰近一些，离法国远一些——

不要害怕，亲爱的蜗牛，只管来参加舞会吧。"

这首歌里有两位主人公——蜗牛（法语版本里它被翻译成厚壳玉黍螺）与鳕鱼。

蜗牛和厚壳玉黍螺同为腹足纲的软体动物，都只有一个壳，也就是说它们的壳是一整个的。我们把它们称为**单壳类动物**。与此相对的是**双壳类动物**，比如牡蛎、贻贝、砗磲（chē qú）等，它们有两瓣铰接在一起的壳。蜗牛与厚壳玉黍螺都长有齿舌，这是一种锯齿状的舌头，上面带有角质的"小牙齿"，用以切割食物，再将食物送入食道。厚壳玉黍螺是杂食性动物，既吃藻类，也吃小型无脊椎动物的幼虫。

接下来就是蜗牛与厚壳玉黍螺的不同之处了！与陆生蜗牛——比如小灰蜗牛（*Helix aspersa aspersa*）——不一样，厚壳玉黍螺并不是雌雄同体生物，也就是说，它们无法既产出雄配子又产出雌配子。人们确实发现厚壳玉黍螺有雄螺与雌螺之分，虽然肉眼往往难以分辨它们。

另一个显著的不同点在于，陆生蜗牛有肺，而厚壳玉黍螺的身体前侧长有鳃。虽然厚壳玉黍螺依赖水体存活，但即便是在退潮时，它们也能从容应对，因为它们拥有一个秘密武器——厣（yǎn）。对于厚壳玉黍螺来说，这个永久且坚固的结构就像门一样，可以盖住螺壳的开口，防止内部变得干燥，保持湿度，以便等待再次涨潮。厣会随着贝壳一起长大，尺寸永远合适，不会出现缝隙，非常方便！而陆生蜗牛只有

与生物学家一起读《爱丽丝梦游仙境》

一道临时门可用，由自身分泌的黏液制成，即**膜厣**。无论在干燥地带还是在沿海区域（空气中含有盐分），膜厣都能起到保护蜗牛的作用。部分蜗牛——比如勃艮第蜗牛（*Helix pomatia*）——在进入**冬眠**前，会生成一种更为坚固的碳酸钙膜厣（石灰岩——比如白垩——中便含有碳酸钙）。膜厣上有许多小孔，即使盖上了，蜗牛也能够呼吸，与外界交流。同时，膜厣还能保护蜗牛不受捕食者的攻击。关门了，晚些时候再来吧！

在英语原版中，蜗牛靠近法国时，脸色变得惨白。刘易斯·卡罗尔在这里很可能隐喻了法国人吃蜗牛的习俗，这个特殊的饮食习惯至今仍让他们的英国邻居无所适从。然而，法国人并不是唯一一个吃蜗牛的民族，远非如此！人类食用这种腹足纲动物的最早迹象可追溯至史前时代。一支西班牙研究团队在西班牙东南部阿利坎特附近的巴里亚达洞穴遗址发现了 1484 个距今 3 万年的蜗牛壳。这些蜗牛壳堆积在同一地点，且大部分完好无缺，表明这些蜗牛只可能是被人类食用的，排除了其他动物的可能性。此外，考古学家还发现了一处用于烹饪的坑洞，里面装满了蜗牛壳，证明确实是该遗址的居民烹煮并食用了这些蜗牛。

如今在欧洲，西班牙、意大利与德国的蜗牛消耗量紧随法国之后，每年约为 4 万吨（来自 2005 年数据）。在世界其他国家，蜗牛也受到了青睐，尤其在亚洲与非洲，玛瑙螺属（*Achatina*）的巨型蜗牛拥有着广阔市场。我们的腹足纲朋友得小心了！

鳕鱼又有什么故事呢？在英语中，牙鳕（*Merlangius merlangus*）与大西洋鳕鱼（*Gadus morhua*）同属一科。牙鳕主要生活在北大西洋，形态特征为呈银色，拥有三片背鳍，胸鳍上方有一个黑斑，身体细长。性成熟后的牙鳕（3 岁）最长可达 40 厘米。虽然人们对牙鳕的繁殖方式与饮食习惯（主要食物为其他鱼类）还算了解，但对它们的社交生活和行为习性却所知甚少。可惜的是，我们对我们捕获的供我们食用的鱼类了解往往并不深入。我们知道，牙鳕幼鱼会群聚在一起，好比待在一个"托儿所"里，而成年牙鳕只有在繁殖时才会再次见面。但我们能够相对肯定地说，牙鳕是不会把尾巴放在嘴巴里的。

那么，为什么爱丽丝会对假海龟说："它们（鳕鱼）嘴里衔着尾巴——身上裹满面包渣儿"呢？在《爱丽丝的注释本》（*The Annotated Alice*）中，马丁·加德纳（Martin Gardner）引用了卡罗尔在信件中的话："我以为牙鳕真的会把尾巴含在嘴里，但有人告诉我，鱼贩子会把它们的尾巴放进眼睛而不是嘴巴里。"加德纳在书中还提到，一位女性读者给他寄了一篇《纽约客》的文章，文中提及了一道名为"生气的牙鳕"的油炸菜肴。这道菜端上桌时，牙鳕的尾巴就是放在嘴巴里的！看来，现实中的牙鳕确实会用嘴衔着尾巴，但并非自愿！

一条牙鳕，它看起来心情不错（因为它的尾巴不在嘴巴里）

　　爱丽丝、狮身鹰面兽及假海龟继续讨论起牙鳕的生活。狮身鹰面兽表示，因为它是擦鞋子和靴子的。随后，这个神奇动物询问爱丽丝，为什么她的鞋如此闪亮？爱丽丝回答，那是因为上了鞋油。狮身鹰面兽说，在水下世界，牙鳕负责为大家上鞋油（牙鳕在英语中叫做 whiting，上鞋油的英语是 blacking，两个词的发音方式接近，这是一个文字游戏）。爱丽丝又问道，那海里的鞋子都是用什么做的呢？狮身鹰面兽回答她，海里的鞋子当然是用两种鱼——箬鳎（ruò tǎ）鱼和鳝鱼做的！

　　把鱼当鞋子穿！这合理吗？当然合理！这甚至是北极、北美洲、斯堪的纳维亚半岛与西伯利亚土著居民的惯常做法。鱼皮可以防水，而且异常耐磨，是戈尔特斯面料（Gore-Tex）的始祖！日本原住民阿伊努人会使用鲑鱼皮（不是牙鳕皮!)制作靴子,阿拉斯加的因纽特人、阿鲁提克人与阿萨巴斯卡人也是这么做的。冰岛人更经常使用的是大西洋狼鱼（*Anarhichas lupus*）的皮。这种鱼生活在大海深处,与狮身鹰面兽提到的箬鳎鱼一样!原住民的家园遭到殖民者入侵后,他们渐渐地不再使用鱼皮制鞋了。不过后来,鱼皮受到了大型服饰品牌的青睐,比如迪奥与路易威登,于是又重出江湖。在法国,人们用部分软骨鱼(比如鲨鱼与鳐鱼)的鱼皮制出了一种名为"珍珠鱼皮"的特殊皮革。20世纪20年代与30年代,正值装饰艺术风格盛行,这种皮革被广泛应用,主要用于装饰家具。

不过,珍珠鱼皮的制革技术要古老得多。让-克劳德·加吕沙(Jean-Claude Galluchat)是路易十五时期的巴黎制革匠(制作皮鞘、皮箱、皮套等),他试验了珍珠鱼皮的多种鞣革技术,改良了这种皮革。珍珠鱼皮拥有颗粒质感,因为鲨鱼皮及鳐鱼皮本就覆满坚硬的细齿鳞片,在显微镜下状似刨丝器上的锉刀。这些细齿能够减少水下的摩擦力与阻力,方便鱼类向前游去。据估计,珍珠鱼皮的耐磨度是小牛皮的20倍。如今仍有商家使用这种皮革制作包袋、小皮件、珠宝,甚至手机壳。真是不可阻挡的进步。

海象,出人意料的巨人

在第二卷《爱丽丝镜中奇遇记》中,爱丽丝走出所有东西都没有名字的树林后,遇见了两个奇怪的人物:双胞胎叮叮和咚咚。这对双胞胎兄弟首先为爱丽丝跳了一支疯狂的舞蹈,随后背诵起了他们所知道的最长的诗歌——《海象和木匠》。

故事是这样的:海象和木匠在沙滩上漫无目的地走着,孤苦伶仃、饥肠辘辘,还抱怨起沙滩上怎么有这么多沙子,可真是个惊喜呀!木匠出现在沙滩上似乎可以理解,那么海象呢?海象有在沙滩上漫步的习惯吗?

海象(*Odobenus rosmarus*)是鳍足亚目下的肉食性哺乳动物,与我们此前提到过的海豹和海狗是一样的。北极各处都能看见海象(尤其在北极北部),从格陵兰岛到阿拉斯加,再到俄罗斯的最东端,都有它们的踪迹。海象是天才型潜水者,能自由穿梭在海洋 80 米深处,还能憋气达 10 分钟。不过,请面对现实,海象一般不会如此挥霍体力。它们通常生活在海洋表面,大部分时间在岸边或陆地附近的冰面上度过。因此,海象漫步在沙滩上,这幅景象距离现实并不遥远。

海象与近亲海豹一样,完美地适应了冷水中的生活:它们的脚是划水桨的模样,鼻孔可以关闭,没有明显的外耳。海象的皮肤十分坚韧,皮肤下有一层厚厚的脂肪,部分部位的脂肪层可厚达 7 厘米,是抵御寒冷的完美武器。海象的触觉十分灵敏,它们长有名为"触须"的长长的胡须。这些触须能够触及外界物体,帮助海象在海底高效地寻找方向,定位猎物。虽然触觉敏锐,但它们的视力极差,眼睛比其他鳍足亚目动物要小。毕竟鱼与熊掌无法兼得!

插画家约翰·坦尼尔在作品中略微缩小了这一庞然大物的身体,这样才能让它穿下维多利亚式的三件套西装。现实中的海象巨大无比,简直是大自然的力量代表!成年雄性海象体长超过 3 米,平均体重为 1 吨。雌性海象亦不相上下,体长同样可达 3 米,平均体重为 800 千克。刚出生的海象宝宝就重达 45 千克至 75 千克,1 岁时体重就能增加两倍。多么可爱的宝宝呀!

除了惊人的体形与体重外,海象外观上最引人注目的是它们的一对獠牙!这对长牙其实是两颗又尖又长的犬齿。无论雌雄,成年海象均长有犬齿。海象宝宝出生时也带有一对迷你犬齿,长度是 4 厘米至 6 厘米。海象的獠牙与大象及河狸的一样,一辈子都在不断生长。通常而言,雄性海象的獠牙较雌性海象的更长一些。雄性的獠牙长为 35 厘米至 65 厘米,雌性的獠牙长为 25 厘米至 55 厘米。

为了解释这对巨型长牙的用途,人们给出了诸多说法,大多比较离奇。在两百多年的时间里，人们一直认为这对獠牙主要用于在海底翻找食物，凿出附着在其他物体上的贝壳。但其实，海象更多时候会使用吻部来进行此类操作。如今，人们认为海象獠牙本质上扮演着社会角色：雄性海象会自豪地展示出自己的獠牙，以吓退竞争对手，或让盛气凌人的入侵者不要再靠近。对于雌性海象而言，雄性的獠牙是一个"诚实信号"，是无可反驳的择偶标准，能够帮助它们评估后代的潜在父亲的基因质量。这对尖利的獠牙在战斗中也很有用处，放在日常生活中那就是名副其实的"瑞士军刀"。海象能借助獠牙从海水中浮起，或在冰面上开辟出一条道路，甚至能在小憩时以獠牙作为锚点。它们会把獠牙插入一块大大的浮冰中，让鼻子与眼睛露出在水面之上，防止被海浪带走，好安心打盹。如果你在睡觉时滚下了床，不妨向海象学习一下吧！

在叮叮与咚咚的诗歌中，海象是独来独往的，但仍有木匠为伴。而现实中的海象是群居动物，一同居住的成员还不少呢！海象是鳍足亚目中最喜欢群居的动物，群聚在一起的海象可多达数百只。不过在大部分时间里，不同性别的海象并不住在一起，它们只有在交配季节（1月、2月）才会见面。雄性与雄性一起生活，雌性会与小海象一同生活。海象宝宝出生后，会在妈妈身边生活至少两年的时间。海象在成长中并不着急，雌海象6岁时才性成熟，雄海象更是要等到11岁！青年雄海象4岁时才会离开妈妈，前去和其他青年雄海象一同生活,成年后再加入成年雄海象群。

到了繁殖季,做好了交配准备的雌海象会聚集在浮冰上。雄海象一边朝雌海象游去,一边放声尖叫、吹哨,如同开演唱会一般,直到雌海象接受邀请,跃入水中与它们交配。雄海象能够发出这样的声音,部分原因在于它们的喉咙处(确切地说是咽部)长有一对装满了空气的气囊。凭借这对气囊,海象还能轻松地浮在水面。当没有地方可以停靠但又想小憩一会儿时,这对气囊便能派上用场了!

海象把一年之中的大部分时间都花在了赶路上,春天迁徙一次,秋天迁徙一次。它们会趴在离岸的浮冰上,从冬眠之处前往最爱的海滩过夏天。雄海象与雌海象的迁徙之路并不一定相同。春天时,雌海象会带着小海象跟随浮冰向北走,尽量避免接近海岸,以防受到陆地捕食者的攻击,从而保护孩子。因此,爱丽丝遇见的海象肯定是一只雄海象,毕竟它具备沿海地区的生活习性! 但与书中海象不同的是,现实中的海象不会待在同一片沙滩上觅食。

《海象和木匠》的故事中还有另外一群重要角色——小牡蛎。它们在沙滩上一直跟随着海象和木匠,却成为了两个强盗的吃食! 迪士尼动画片翻拍了这悲伤的一幕,或许在许多小观众心中留下了阴影。请各位读者自行判断吧:

"哦,牡蛎们,跟咱一块儿走一走!"

海象如此在恳求。

"愉快地行走,愉快地交流,沿着大海长沙洲。"

......

海象说:"我们最最需要,

就是一个面包。

此外则是酸醋和胡椒,

也都确实非常妙——

亲爱的牡蛎们如果准备好,

此刻就可以吃个饱。"

难以想象,如此庞然大物竟能满足于食用软体动物。海象真的喜欢吃牡蛎吗?其实,它们喜欢吃虾、蜕壳后软软的螃蟹、海参以及软珊瑚,但最喜欢的还是双壳类软体动物,它们以柔软的身体为食。海象的主要食物是帘蛤与缀锦蛤,也吃海螂($Mya\ sp$)、缝栖蛤($Hiatella\ sp$)及鸟蛤($Serripes$ 属)。在海象生活的地方,牡蛎并不常见,海象偶尔才会吃上一顿。

海象能用舌头产生真空,将软体动物从壳中吸出,让虹管(也就是软体动物的脚)与壳分离,犹如高压"真空泵"。海象的上颚高高拱起,下颚肌肉十分有力,进食的收尾工作由两者共同完成。也就是说,它们会完整吞下在海底觅得的大部分猎物,无需咀嚼!海象每日进食时间为 4 小时至 6 小时,会在海洋 15 米至 25 米深处寻觅猎物。真是一项有意思的活动!一名科学家观察发现,一只生活在大自然中的成年海象每分钟能吞下 6 只缀锦蛤。这种软体动物平均重 40 克,我们的海象需吞下 1500 只缀锦蛤,才能满足每日吃进 60 千克食物的需求。工作量可不小呢！

在极圈居民的文化中，海象占据着主导地位，是因纽特人宇宙观的组成部分。它们既被视作宽厚仁慈的强大神灵，也被视作可怕的敌人。海象也是极圈居民的重要食物来源，它们全身上下（肉、骨、牙与脂肪）都有用处。雄性海象的阴茎骨便被因纽特人当作了生活中的一个日常物件。阿拉斯加土著人民使用"oosik"一词，指代熊、海象及海豹的这处特殊骨头。打磨抛光后的阴茎骨可以做护身符、珠宝，或是刀鞘及其他重要工具的套子。

使用火器前人类猎捕海象的场景

捕猎海象的危险性较高，因此人们往往会一同出动，所捕获的海象肉由大家平分。在 18 世纪，欧洲人到极圈之前，人类的猎捕行动对海象数量并没有造成太大影响。19 世纪 60 年代（刘易斯·卡罗尔就是在这个时候创作了爱丽丝的故事），人们的捕猎工具由鱼叉与矛枪换成了自动步枪，局面发生了极大改变。受到枪击的动物再也无法恢复健康,死去的海象越来越多。1867 年,美国人从俄罗斯人手中买下了阿拉斯加。彼时,海象牙是千金难求之物,猎捕情况愈演愈烈。1880 至 1900 年间,每年约有10000 只海象丧生在人类的枪口下。海象数量呈断崖式下跌,濒临灭绝。

20 世纪 50 年代末开始,管控海象数量的俄罗斯与美国机构严格规定了捕猎数量,并促使猎人放雌海象及海象宝宝一条生路。多亏了这些规定,海象数量才得以回升至大规模猎杀之前的水平。自 1972 年起,在美国海域,除原住民以外,所有人一律禁止捕杀海象。

今天,冰川融化,海水变暖,这些现象预示了海象的生存环境将变得更加恶劣,因为它们的迁徙与繁殖都十分依赖冰川的运动。人们已经发现,海象的迁徙时间发生了变化,身体也变得越来越虚弱,因为它们要花更长的时间待在无法觅食的浮冰上。而且由于浮冰变少,海象出现在海岸上的时间有所提前,聚集在岸上的海象越来越多,甚至多达几千只。踩踏的风险大大增加,海象宝宝甚至可能会因此死亡。虽然海象是群居动物,但这个数量依然太多、太多了。

这一点与牡蛎不一样,牡蛎无惧扎堆的生活。一起来一探究竟吧!

很有料的牡蛎！

　　在叮叮与咚咚讲述的《海象和木匠》故事中，真正的主角显然是牡蛎。两位伙计对牡蛎进行了一番哄骗后，将它们吞进了肚子。对于人类而言，牡蛎与鱼类——比如先前提到的牙鳕——一样，我们只在乎它们是否美味。但是，牡蛎的真实模样是什么呢？

　　牡蛎是双壳类软体动物，长着两片铰接在一起的贝壳，有多个不同种类。可食用牡蛎属于牡蛎目，与贻贝、巨海扇蛤及属珍珠贝目的珍珠贝有所区别。令人惊讶的是，从遗传学上来看，可食用的牡蛎与贻贝的亲缘关系，比与珍珠贝的关系更近些[①]。

牡蛎生活在哪里，又是如何生活的呢？牡蛎对群居生活环境有几点要求。若要依附在一起，它们需要岩石或由碎石与贝壳组成的海床的帮助。牡蛎无法忍受冰冷刺骨的海水，需要生活在温带，甚至热带咸水水域中。海水结冰会要了它们的命！牡蛎也需要生活在食物（浮游植物）充足的地方，它们会使用壳过滤海水，从而找到食物。浮游生物依赖光照存活，因此牡蛎不可能居住在光线无法抵达的 100 米以下的深海。它们通常生活在中等深度的海水中，扁平牡蛎大多生活在 20 米深的海里。而且，牡蛎更喜欢水流平缓的海域，强大的水流会迅速带走它们的食物，并且会在牡蛎幼虫还未固定下来前，将幼虫冲走。

在可食用的牡蛎中，有两种是欧洲人最常吃的，一种是欧洲牡蛎（*Ostrea edulis*），另一种是太平洋牡蛎（*Magallana gigas*，旧称 *Crassostrea gigas*）。欧洲牡蛎较为圆润，而太平洋牡蛎更长，表面更为凹凸不平。太平洋牡蛎是最经常出现在法国人餐盘中的品种：他们每年消耗 450 万吨太平洋牡蛎，占全球产量的 90%。虽然我们可以认为太平洋牡蛎是法国的"本土产品"，毕竟它们确实栖息于法国的布列塔尼大区及普瓦图-夏朗德大区，但其实，这种牡蛎原产于——日本！

---

① 在法语中，珍珠贝被称作"huître perlière"，字面意思即"珍珠牡蛎"的意思，所以作者会拿牡蛎与珍珠贝作对比。——译者注

20 世纪 20 年代,太平洋牡蛎被引入美洲,随后逐渐散布至世界各地。20 世纪 70 年代,这种牡蛎才被引入法国。如今法国生产的牡蛎中,大部分都是太平洋牡蛎。欧洲牡蛎反而是欧洲水域土生土长的品种,或许在一万年前,它们便已栖息在这里。因此,出现在双胞胎兄弟叮叮与咚咚的歌谣中的很可能就是这种牡蛎。

1860 至 1870 年间,也正是刘易斯·卡罗尔创作《爱丽丝梦游仙境》的年代,苏格兰海岸线的欧洲牡蛎险些全军覆没。那时的渔民每周能打捞 50 万只野生欧洲牡蛎,一年就是近 3000 万只!如此可怕的打捞速度显然会让本土欧洲牡蛎完全消失,海水质量也变得糟糕透顶。于是如今,人们开始计划重新引进这种牡蛎。

歌谣中出现了一群小牡蛎以及一只老牡蛎(英语原版里是一位牡蛎爷爷)。如何确认牡蛎的年龄呢?我们可以观察牡蛎壳上的生长线,它和大树的年轮有些类似!注意,外界温度会影响贝壳的生长速度:天气寒冷时,生长速度会放缓。通过观察牡蛎壳上的生长线,科学家发现了牡蛎能够长到 10 至 15 岁。不过随着年龄增长,外壳的部分区域会有所磨损,难以辨认。因此,牡蛎的大小是一个更好的指标。创下吉尼斯世界纪录的最大牡蛎是一只于 2013 年在丹麦发现的太平洋牡蛎,长 35.5 厘米,宽 10.7 厘米,年龄约为 20 岁!据估计,年轻牡蛎的首次繁殖发生于 1 岁左右,市场上售卖的牡蛎通常为 2 岁至 3 岁。因此我们相信,海象和木匠吞下的都是不到 1 岁的小牡蛎。

牡蛎的繁殖方式也很有意思！让我们一起来看看欧洲牡蛎是如何繁殖的。紫贻贝（*Mytilus edulis*）分雌雄，但牡蛎与紫贻贝不一样，牡蛎是雌雄同体的：个体既能产出雄配子，也能产出雌配子。到了繁殖期（夏季），配子会变得可见，牡蛎的性器官也会变大，也就是人们所说的"乳状液体"。牡蛎的繁殖特征不仅于此！每一次产出配子后，它们就能变换一次性别。也就是说，在同一繁殖期内，牡蛎个体能轮流充当雄性与雌性。所有牡蛎出生时均为雄性（这种现象被称作**雄性先熟**，字面意思就是首先成为雄性），随后在成长过程中再变换性别。牡蛎群体的性别比似乎会受到温度影响。最近一项研究发现，水温为 10 摄氏度时，雌性牡蛎的数量较多；水温升高时（约 14 摄氏度），雄性的数量较多。想象一下，如果水温持续升高，会造成什么后果……

现在，你或许很想问一个问题：牡蛎如何生宝宝呢？与海洋中的许多无脊椎动物一样，雄性牡蛎会将精子排入水中。它们的特殊之处在于，雌性牡蛎会过滤这些精子，如同过滤食物一样。随后，精子与卵子结合，受精卵将在刀枪不入的坚固堡垒——牡蛎壳中安全成长。其实，牡蛎在生育上并不吝啬，一只欧洲牡蛎在繁殖季节平均能产出 150 万只幼虫！但相比太平洋牡蛎，这个数字实在不值一提。太平洋牡蛎会将未受精的卵母细胞直接排入海中，考虑到捕食者的存在，这个策略风险极高。为了对冲风险，太平洋牡蛎排出的卵母细胞数量高达5000万至1亿只！目标要宏大，毕竟只有10％的幼虫能顺利成年。欧洲牡蛎将在受精完成后的数小时内将幼虫排出，也正是在这个时候，幼虫的外壳初现雏形。幼虫将在大海中漫游几个星期，然后附着在合适的固着物上，"落地生根"。我们认知中的牡蛎的一生，从这个时候便真正开始了！

法语版本中出现了"牡蛎公园"这个词，而英语原版用词是 oyster-bed（牡蛎床），指聚集在一起的牡蛎。但书中并未明确这些牡蛎是不是野生的，因此我们也无法得知它们是不是人工养殖的。为什么这个问题值得聊一聊呢？因为19世纪时，牡蛎养殖业尚不普及，虽然它们出现在我们的餐桌上已有很长时间。在俄罗斯最东端的一处拥有5000年历史的考古遗址中，人们发现了大量堆积在一起的太平洋牡蛎壳，除此之外，再无其他可食用贝类的痕迹。这表明

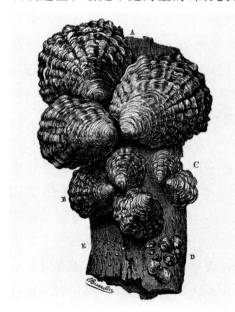

牡蛎群附着于一根柱子上

这些牡蛎是经过精挑细选的。另一事实也佐证了这一点:所有贝壳大小一致,似乎当年的人们会等到牡蛎完全成熟后(2至3岁)才食用它们。更重要的是,野生牡蛎的贝壳上往往覆着甲壳动物与软体动物,而遗址中的牡蛎贝壳并非如此。一切都表明,新石器时代的人们已经开始养殖牡蛎了!也有其他证据显示,在数百年的时间里,野生牡蛎数量十分充足,无需为了食用它们而进行养殖。

法国的牡蛎养殖业出现于 1860 年,正是在野生牡蛎数量大幅下降之后。现代牡蛎养殖业建立在"采集"技术上,这是养殖的第一步。在这一步骤中,养殖人员会布置许多小型收集器,由杯状容器或叠放在一起的瓦片组成,牡蛎的幼虫会前来固着在上面。维克托·科斯特(Victor Coste)与费迪南·德邦(Ferdinan de Bon)共同发明了牡蛎养殖方法。前者是博物学家、法兰西科学院院士,以及欧仁妮王后(拿破仑三世的妻子)的御医。1859 年,他在孔卡尔诺建立了海洋研究所,这是现今仍在运营的最古老的海洋研究所。后者曾是圣塞尔旺海洋研究所的所长,改良了让幼虫可附着其上的牡蛎板。

在迪士尼改编的动画版本中,海象走入海底,尝试说服牡蛎与它一同上岸去。老牡蛎拒绝了海象,并提醒小牡蛎不要跟海象走。在明确拒绝前,老牡蛎瞟了一眼日历,3 月(March)中的字母"r"变成红色,闪烁起来。这里隐喻了人们普遍相信的一种说法:只有在带字母 r 的月份(9 月至次年 4

月^①）才能食用牡蛎。这种说法可追溯至中世纪。那个时候，牡蛎在上流社会中极受追捧。虽然人们可以在海滩上采集到欧洲牡蛎，但仍需使用马匹或小马车将牡蛎运送至餐桌后才能品尝。当时的道路建设远不如今天，运送旅途要走上数天之久。可以想象，牡蛎在炎炎夏日被运送数天，还没有制冷设备，食用者很可能会食物中毒。而且，夏天正是牡蛎的繁殖季节，也是它们最脆弱的时期，无论是运输牡蛎还是烹饪牡蛎都变得更加麻烦（部分人不喜欢夏日的牡蛎的味道，因为那个时候它们会分泌"乳状液体"）。无论如何，夏日食用牡蛎引发了若干起死亡事件，令人痛心。

为了不让悲剧重演，1759 年，王室颁发了一道诏令，禁止在 4 月 1 日至 10 月 31 日期间采集贩卖牡蛎。这道诏令让牡蛎在繁殖季节免受过多打扰。这对它们也有好处！

在迪士尼的动画片中，我们还能看见海象用拐杖做笛子，吹出引人入胜的乐曲，说服小牡蛎跟它走。这一情节显然参考了《花衣魔笛手》的故事。这个故事经过多次改编，其中最著名的莫过于格林兄弟的版本。故事中，一名吹笛手以笛声迷惑了城中老鼠，将它们带到河边，使它们纷纷淹死。不过，牡蛎在水底下能听见声音吗？其实是——可以的！虽然牡蛎没有耳朵，但它们拥有一个感觉器官，能够感知运动，保持自身平衡。这个器官就是**平衡器**。平衡器由一个空心

---

① 法语中，9 月为 Septembre，4 月为 Avril。

囊泡组成,内部覆满纤毛细胞,带有一颗**听石**。听石状似一颗"小石头",可以探测声音。2017 年的一项研究测试了太平洋牡蛎对声音的反应。研究者使用扬声器,在水下播放了三分钟不同的声音。当牡蛎听见 10 至 1000 赫兹的声音时,会立刻关上贝壳。声音消失后,它们才会重新敞开! 牡蛎对低沉的声音(10 至 200 赫兹)更为敏感,许多人为噪音的频率都处于这个区间,包括海上风力发电机的响声、海上钻井平台的作业声音……因此对于牡蛎而言,笛声肯定更加悦耳!

在双胞胎兄弟叮叮和咚咚的故事中,虽然牡蛎明显是受害者,但品尝了牡蛎的海象似乎也懊恼万分:

海象说:"我为你们伤心,

我表示深深同情。"

他一面抽泣一面挑选,

专拣最大的精品,

还从衣袋中掏出手帕,

遮住泪汪汪的眼睛。

爱丽丝感受到了海象内心的慌乱,于是对同伴说:"我比较喜欢……海象,它对可怜的牡蛎至少还有恻隐之心。"随后爱丽丝发现海象也没少吃,于是她做出结论,认为海象和木匠一样,都是"可恶的东西"。

爱丽丝的想法出人意料,稍后我们会来谈一谈这个话题。现在,或许还有一个问题引起了你的好奇心:动物会感到内疚吗,就像故事中的海象一样?部分科学家,比如灵长类动物学家弗朗斯·德瓦尔(Frans de Waal)断言,动物也具有基本道德观念,这表现在以下几个方面:具有正义感与公道感,敬畏阶级,会分享食物,互帮互助,甚至具有同理心,也就是能设身处地为他者考虑并付诸行动。

但部分实验却为动物的某些行为给出了不同的解释,以莎拉·布罗斯南(Sarah Brosnan)与弗朗斯·德瓦尔实施的著名实验为例:研究人员用铁栏杆将两只黑帽悬猴(*Sapajus apella*)隔开,让它们执行相同的任务。完成任务后,其中一只黑帽悬猴将获得一颗葡萄(它们最喜欢的奖励),另一只将获得一小块黄瓜(比起葡萄,黄瓜可一点儿也不诱人)。获得了黄瓜的黑帽悬猴自尊心受挫,大发雷霆,扔掉了黄瓜,并不再配合研究人员。这只猴子生着闷气,可以说是在不停地发着牢骚。由此研究人员得出结论,黑帽悬猴感受到了不公平与不公正,于是才停止配合实验者。而其他研究者给出了更简单的解释:这只黑帽悬猴就是不开心了,嫉妒了,它们的行为并非源自人们所猜测的道德观念。就像前面提到的柴郡猫的微笑一样,我们分析动物的想法时,很难不受自身道德观念及认知的影响(这就是著名的**拟人主义**,它是指我们会将自己的情感投射到动物身上)。

宠物往往要为我们的胡乱揣测付出代价。典型的例子是狗的愧疚之情。当忠心耿耿的狗狗将我们自家花园里最美的玫瑰连根刨出,或是将沙发上的抱枕开膛破肚,它那被你当场抓住后的懊悔模样,你肯定想象得出来:背部拱起,耳朵低垂,眼神可怜巴巴地好似在哀求你……

动物确实会为它们冲动之下做出的事情感到懊悔,也可能不会! 为了测试这一点,美国研究者亚历山德拉·霍罗威茨(Alexandra Horowitz)设计了一项实验,就在宠物狗生活的家中进行。研究人员在地板上放了一块美味的饼干,这对于狗狗来说是十分诱人的"奖赏"。主人会发出指令,禁止它吃饼干,并让它原地不动。这可真是折磨呀! 随后,主人离开房间,与狗狗独处研究人员要么会拿走饼干,要么会把饼干喂给它,并同时录下它的反应。接下来,一无所知的主人回到房间,研究人员将告诉他,狗在他不在时是如何表现的。主人会根据狗的表现奖励它或责骂它。

在部分实验中,研究人员会捏造事实,告知主人狗狗吃掉了饼干,虽然这并不是真的:宠物狗乖乖地听了指令,却依然遭到了责骂。相反,在部分情况下,即使狗吃掉了饼干,研究人员也会告知主人它表现得很好。也就是说,虽然宠物狗没有遵从主人的命令,但仍获得了表扬。

实验结论是什么? 狗的"愧疚之情"与其面对食物时做出的反应毫无联系。也就是说狗狗是否听话和是否"表现得愧疚",两者之间并无关联。相反,这种"懊悔的"态度其实与主人的行为有关:狗狗受到责骂时,便会表现出懊悔的样子,无论责骂是否公道。

此外,并未违反命令的狗狗(研究人员将饼干拿走了)似乎会表现出更强烈的愧疚情绪。为什么无辜的狗狗会为没有犯过的错误感到愧疚呢？人们普遍认为，狗表现得愧疚是因为它们犯了错，并且意识到自己犯了错！而实验结果显然与之相悖。进一步探究实验结果就会发现，狗的"愧疚"情绪通常与顺从行为相关联，比如仰躺在地上打滚，将尾巴夹在两腿中间，或者低垂耳朵。这似乎是它们预知将会受到惩罚时对主人做出的程式化姿态。面对主人的负面情绪，狗狗打起了安抚牌，但其实心中丝毫没有愧疚之情！

可是——我什么也没做呀！

别被狗狗这副可怜兮兮的模样欺骗了。把你的沙发咬得稀碎，它可一点儿也不内疚！

虽然还没有人对海象做过类似研究,但海象在美美地饱餐一顿后(无论牡蛎是否自愿成为食物),大概率是不会有丝毫内疚感的!

海象和牡蛎的故事让人难过,不如说点开心的事情,聊一聊刘易斯·卡罗尔宇宙中最具代表性的角色,来为海边的漫步之旅画上句号吧!起飞!

眼泪池塘和渡渡鸟

还记得吗,在冒险之旅刚刚开始的时候,爱丽丝努力地想追上白兔,不料身体猛地变大变小(见"变态与变形"一章),还遇到了各种难题,这让她不禁大哭起来。

正说着,她(爱丽丝)脚下一滑,随即,扑通一声,她倒下去,咸水没到了下巴。她头一个念头就是可能掉进了大海……然而,她很快就明白了,自己不过是在一个眼泪池塘里,那池塘是她九英尺高时哭成的。"当初不哭那么厉害就好了!"爱丽丝一边说,一边四处游动着,设法找路出去,"我想,我是自作自受,要被自己的眼泪淹死了!"

游着游着,爱丽丝遇见了一只老鼠。老鼠和她一样,在眼泪池塘中艰难地游着。是到该走的时候了,因为池塘里已挤满了掉进去的鸟儿和动物。里面有一只鸭子和一只渡渡鸟，一只鹦鹉和一只小鹰，还有其他几只奇怪的动物。爱丽丝上岸后又遇见了更多动物。

鸭子、渡渡鸟、鹦鹉和小鹰，这4种鸟竟然组合在了一起，可真奇怪。其实，它们都是利德尔家的孩子的化身。1862年7月4日，在那个著名的"金色午后"，刘易斯·卡罗尔与利德尔家的孩子们沿河散步，第一次编织出了爱丽丝的故事。卡罗尔在书的序言中提到了这个午后。4种鸟中的鹦鹉是一种原产自澳大利亚的小型鹦鹉，属于吸蜜鹦鹉亚科。吸蜜鹦鹉亚科共有55个品种，其中最著名的莫过于虹彩吸蜜鹦鹉（*Trichoglossus haematodus*）。鸟如其名，这种鹦鹉拥有五彩斑斓的羽毛。如今在动物园里，虹彩吸蜜鹦鹉越来越常见，游客可以拿着盛满花蜜的小杯子为它们投食。作者以鹦鹉指代洛里纳，她是那天下午一同散步的利德尔三姐妹中最年长的姐姐。其实，从书中鹦鹉对爱丽丝做出的第一反应来看，我们也能轻松猜到这一点。"我比你年龄大，知道的肯定比你多。"小鹰（英语是eaglet）指的是伊迪斯，她是三姐妹中年龄最小的妹妹。而鸭子不是别人，正是牧师鲁滨逊·达克沃斯（Robinson Duckworth，duck在英语中是鸭子的意思），他是刘易斯·卡罗尔的朋友兼同事。最后，渡渡鸟就是查尔斯·路德维希·道奇森本人。因为口吃症，他有的时候会把自己的名字念成"渡渡渡……道奇森"。

在动物大会上，渡渡鸟提出了一个弄干身体的方法，很是新颖，毕竟大家都刚从眼泪池塘中爬出来。"我想说的是,"渡渡鸟语气生硬地说,"把身上弄干的最佳方法,就是来一场竞选式赛跑。"(原文用词是 caucus race,caucus 指"政治领导人会议")。在竞选式赛跑上,所有参赛者都绕圈跑,毫无章法,谁想停止比赛就能停止比赛。刘易斯·卡罗尔创作了这样一场莫名其妙的比赛,其实是在批判政界会议的低效。

奇怪的聚会

不过可以肯定的是,参加竞选式赛跑或许并不是把身体弄干的最好办法 …… 对于这些鸟类——鹦鹉、小鹰与鸭子——而言,保持身体干爽十分重要:要是羽毛吸满了水,身体沉沉的,那就飞不起来了!水鸟也是如此,它们会花无穷的精力与时间来维持羽毛干燥。水鸟身体后侧有一个腺体,能分泌油脂与蜡质物质,即**尾脂腺**。打了蜡的羽毛能维持体温,还能让鸟类浮在水面上。

　　也有部分鸟类,比如鸬鹚,它们的干燥方法不像竞选式赛跑那样忙碌,只需面对太阳张开双翅即可。这种奇特行为激发了科学家的想象力,他们提出了各种说法来解释鸬鹚为什么要张开翅膀,比如打鱼成功后向同伴发出信号,维持身体平衡,调节体温等。甚至有人提出,鸬鹚张开翅膀能更好地吞下刚刚捉到的鱼。不过我们只要经过实地观察,就能排除以上大部分说法。其实,只有当鸬鹚身上湿漉漉的时候,人们才会看到它们做出这个动作。它们浸在水里的时间越长,晒干身体的时间也就越长。而当风速提升时,它们张开翅膀的时间就会缩短! 因此,鸬鹚张开翅膀,并不是在悠闲地晒日光浴,而是在精心打理自己的俯冲装备!

渡渡鸟与鸬鹚,各有各的方法来弄干身体!

来聊一聊本章的主角吧！毫无疑问，它是这一章的大明星——渡渡鸟。渡渡鸟是印度洋马斯克林群岛中的毛里求斯①的特有物种，如今已经灭绝。16 世纪初便已有欧洲人对这些岛屿描述的纪录，而能证明渡渡鸟确实存在的最早资料可追溯至 1598 年，那时候有长途航海的荷兰人来到毛里求斯岛中途停靠，补充粮食。

渡渡鸟身材微胖，步态笨拙，还不会飞，很快便成为动物界的笑柄。在法语里，这种鸟被称为毛里求斯愚鸠（*Raphus cucullatus*），没过多久它们就因为懒散的姿态，获名渡渡鸟（dodo）。"dodo"一词的词源并不确定，人们猜测或许源自荷兰语词语 dodoors（"懒惰"的意思），或古葡萄牙语词语 doudo（"疯了"或"愚蠢"的意思）。又或许，dodo 由另一个更加生动的荷兰语词——dodaars 变体而来，意思是"打结了的屁股"，这不禁让人联想起渡渡鸟屁股上的羽毛形状。

就连渡渡鸟的拉丁学名也带有几分嘲笑的意思。法国动物学家马蒂兰·雅克·布里松（Mathurin Jacques Brisson，1723－1806）为渡渡鸟赋予了属名：*Raphus*，这个词指的是鸨，因为布里松认为渡渡鸟与鸨有亲缘关系。而林奈为渡渡鸟赋予了种名：*cucullatus*，意思是风帽，指渡渡鸟的脸部仿佛佩戴了面罩一般。后来，林奈又为渡渡鸟起了一个相当不中

---

① 毛里求斯位于马达加斯加以东的外海。它是马斯克林群岛的一部分，该群岛还包括留尼旺岛、罗德里格斯岛以及其他更小的岛。

听的新名字，后世也并未保留。分类学采用的往往是第一个名字。林奈起的新名字是 *Didus ineptus*（ineptus 意为愚蠢的、荒唐的），一点儿也不酷。

据描述，渡渡鸟的身体圆滚滚的，羽毛呈灰色，高约 60 厘米，体重介于 9.5 千克至 14.3 千克之间。渡渡鸟属于鸠鸽科，同属此科的还有鸽与鸠；以及蓝凤冠鸠（*Goura cristata*），这种鸟是新几内亚的特有物种，也是鸠鸽科下现存体形最大的物种。它们鲜少飞行，头上长有一簇羽毛，极易辨认。目前所知与渡渡鸟亲缘关系最近的是绿蓑鸠（*Caloenas nico-barica*），它们颈部有一圈十分闪耀的羽毛！虽然渡渡鸟并不以美味闻名（海员甚至称之为"倒胃口的鸟"，因其肉质坚韧，需烹煮数个小时才能入口，味道确实不算好），但它们是可食用的，且不惧人类，还无法飞行，因此成了极易捕获的猎物。毛里求斯岛上的渡渡鸟数量急剧下跌。人类带到岛上的宠物和家畜——比如猕猴、老鼠、猪及狗——疯狂猎食渡渡鸟的蛋与雏鸟，这也是它们数量下滑的重要原因。在 1662 至 1693 年间，也就是欧洲人发现渡渡鸟还不到 100 年时，它们便灭绝了。

大多数人都不知道渡渡鸟还有一个近亲，名气没有渡渡鸟那么响亮，生活在毛里求斯岛隔壁的罗德里格斯岛，叫做罗德里格斯渡渡鸟（*Pezophaps solitaria*，或罗德里格斯愚鸠）。它们的命运与渡渡鸟相差无几。人们对渡渡鸟的这位低调邻居所知甚少：它们和渡渡鸟一样不会飞，体形很大，接近天鹅。不过据记载，罗德里格斯渡渡鸟举止优雅，这一点与毛里求斯岛上的渡渡鸟有所不同。骨骼分析显示，这种鸟类的雄性与雌性体格差异巨大，雄性高 79 厘米，而雌性仅有66 厘米。这种现象称作**两性异形**。

关于罗德里格斯渡渡鸟的大部分描述都出自一位法国人——弗朗索瓦·勒古阿（François Leguat）的笔下，他既是博物学家与探险家，也是一名**胡格诺派教徒**。《南特敕令》①被废除后，勒古阿流亡至罗德里格斯岛，在岛上生活了 3 年时间（1691 年至 1693 年）。勒古阿的记载十分珍贵，因为他观察到了活着的罗德里格斯渡渡鸟，这几乎就是流传至今的唯一文字记载。罗德里格斯渡渡鸟的灭绝时间应该略晚于渡渡鸟，在 1730 至 1760 年间，原因众多。那个年代的海员疯狂捕杀巨型陆龟（陆龟自然也难逃灭绝命运）。为了将猎物撵出巢穴，他们会焚烧岛上的植被。罗德里格斯渡渡鸟的栖息地也遭到了损毁。海员将宠物和家畜带上岛，这同样对罗德里格斯渡渡鸟造成了威胁，使得它们步上近亲渡渡鸟的后尘，令人痛心。

渡渡鸟灭绝时间过早，了解它们生活方式的难度自然大大增加。它们的叫声是什么样子的？雄鸟与雌鸟生活在一

---

① 《南特敕令》为法国国王亨利四世在 1598 年 4 月 13 日签署颁布的一条敕令。这条敕令承认了法国国内胡格诺派的信仰自由，并在法律上享有和公民同等的权利。不过，亨利四世之孙路易十四却在 1685 年颁布《枫丹白露敕令》，宣布基督新教为非法，《南特敕令》因此而被废除。

起吗？这一切都是谜……令人吃惊的是那个年代对这种鸟类的记载相当少。彼时的人们捕获渡渡鸟后，会将它们带到船上，运送回国。他们理应能够对渡渡鸟进行描述。有几张海员绘制的图画流传至今。这些画作确实是珍贵资料，只可惜博物学方面的细节严重缺失。

弗朗索瓦·勒古阿绘制的
罗德里格斯渡渡鸟（1708）

2017 年的一项研究提供了新思路，科研人员对渡渡鸟仅存于世的元素——骨骼——进行了分析！他们将渡渡鸟骨骼的横切面置于显微镜下观察，发现了标志着动物发育"中止"的线条，借此能够了解渡渡鸟的发育阶段，这有点类似于上文提到的牡蛎壳上的纹路。科学家认为，在南半球的夏天（11 月至次年 3 月），渡渡鸟的生长速度会放缓，因为这个季节发生龙卷风的可能性是最大的。利用骨骼横切面，我们还能了解渡渡鸟的换羽期。更换羽

与生物学家一起读《爱丽丝梦游仙境》

毛时,渡渡鸟会耗用体内储存的钙质,因此骨骼壁上会出现因钙吸收而形成的孔洞。根据这一现象,科学家推测渡渡鸟的换羽期就处于南半球夏天结束之后。度过暴风雨肆虐及食物匮乏的季节后,渡渡鸟会精心打扮,焕然一新!同样的,通过研究骨骼,科学家推测出了渡渡鸟的产卵期。雌性渡渡鸟排卵时,体内会储备钙质,因为蛋壳的形成需要钙质。

骨骼的横剖面还能告诉我们其他信息!比如科学家还分辨出了成鸟与幼鸟。没错,幼鸟的骨骼架构与成鸟的并不完全一样!科学家因此推算出了幼鸟一年之中的生命周期,还发现了渡渡鸟宝宝长得很快,与如今的鸽子一样,不到两个月就能长得和它们的爸爸妈妈一样大。若知道如何让骨骼开口说话,它们便能滔滔不绝地为你讲述!

可是为什么消失了将近两百年的渡渡鸟会出现在《爱丽丝梦游仙境》中?答案很简单,只有四个字:牛津大学。故事作者查尔斯·路德维希·道奇森在牛津大学教数学,时常会带着利德尔家的小女孩参观阿什莫尔博物馆①。阿什莫尔博物馆位于牛津大学中心地带,于1683年对外开放,是英格兰第一座公共博物馆,也是第一座大学博物馆!这座博物馆的动物标本藏品数量繁多,因为伊莱亚斯·阿什莫尔继承了名为"特雷德斯坎特的方舟"的珍奇屋。约翰·特雷德斯坎特

---

① 得名于古董收藏家伊莱亚斯·阿什莫尔(Elias Ashmole),他将自己的藏品捐赠了出来,这便是该博物馆的雏形。

(John Tradescant)的独子去世后,便将精致奇妙的珍奇屋赠予了阿什莫尔。这间动物珍奇馆中藏有一具完整的渡渡鸟标本,带有皮肤与羽毛!

可惜的是,博物馆当年的安保措施与藏品保存措施远不比今天。除了毛手毛脚的游客外,灰尘与烟囱的烟雾也对藏品造成了破坏,使得标本迅速变质。而且,这只渡渡鸟被制作成标本时,匠人并未遵循技术守则,没有使用汞或砷来防止蛀虫,(自19世纪中期起,人们才开始这么做。没错,标本剥制师①或许也像疯帽子一样疯!)也没有正确使用鞣制工艺②处理皮肤脂肪,导致标本损毁。1755年1月8日,博物馆对藏品进行年度检查时,渡渡鸟标本的状态已极其糟糕,工作人员宣布此件标本完全损毁,无法修复!

今天,这件渡渡鸟标本仅存头部(只有一半的头部存有皮肤及眼睛,另一半只剩骨骼。1847年,解剖学教授亨利·阿克兰(Henry Acland)对这件头部标本进行了解剖)、一只脚(只有骨骼)、一根羽毛及几片皮肤。这只动物保存得最好的部分仅剩这些残留物了。你可以像刘易斯·卡罗尔和爱丽丝一样到博物馆中参观这些残留物的复制品,它们如今展于牛津大学自然历史博物馆中,就在扬·萨弗里(Jan Savery)及乔治·爱德华兹(George Edwards)的油画旁边。他们

---

① 利用动物皮制作标本的人。

② 一种将生皮变成革的过程,可以脱尽皮本身的脂肪、水分、盐分、杂质,使它易于保存、易于塑形。

的画作鼎鼎有名,豪放地绘出了渡渡鸟的丰腴身躯,助力这种鸟类成为传奇!

从"人们推测的渡渡鸟灭绝的年代"至 1865 年间,这种动物渐渐被人遗忘。考虑到渡渡鸟如今持续不减的热度,这似乎令人难以置信。1865 年,毛里求斯岛上的梦境池塘(似乎距卡罗尔的眼泪池塘不远!)出土了若干渡渡鸟的骨骼。这一遗址的出土物十分丰富,直到如今仍有新的骨骼陆续被发现(2005 至 2011 年间,共出土 300 件渡渡鸟骨骼标本)。

1870 年绘制完成的渡渡鸟版画,原型为鲁兰茨·萨弗里(Roelandt Savery)的《爱德华兹的渡渡鸟》(1626)。坦尼尔绘制插图时,参考了这幅画作

考古发现重燃了人们对这种动物的热情,许多博物馆都希望能将渡渡鸟标本收入囊中。如今,渡渡鸟的骨骼标本散落在全球各地的博物馆中,但完整的骨架仍十分罕见。最完整的两套骨架分别位于毛里求斯路易港及南非德班。其他博物馆收藏的骨架大多都是"七拼八凑"而来的。博物馆会将不同个体的骨骼如拼图一般拼凑在一起,以期重现完整的渡渡鸟骨架。若有部分骨骼缺失,工作人员则会以其他骨架中的骨骼为模型,制作出缺失的部分,或者以其他鸟类的骨骼代替。简直就是大乱炖!

在法国,你若想一睹渡渡鸟的风采,可以前往巴黎、奥尔良、拉罗谢尔的自然历史博物馆,埃尔伯夫的知识工厂,里昂的汇流博物馆,或留尼旺圣丹尼的自然历史博物馆。

爱丽丝的第一卷书大获成功,在那个年代,没有不认识渡渡鸟的孩子。全球各地的人们对这部小说展现出了经久不衰的热情,这种神奇动物也变得家喻户晓。19世纪末的英国甚至流传着一句俗语,令渡渡鸟的名气更上一层楼。这句俗语就是:像渡渡鸟一样死翘翘(dead as a dodo),用于形容某人或某事完全过时了,死得非常彻底,毫无回归的希望。

渡渡鸟借着《爱丽丝梦游仙境》的东风,至今仍时常出现在大众文化作品中。英国的创世纪乐队(Genesis)创作了一首名为《渡渡鸟》的歌曲,歌词朗朗上口:"Too big to fly, dodo ugly, so dodo must die"(身躯庞大,飞不起来,丑陋的渡渡鸟,渡渡鸟必须死)。哈利·波特魔法世界的创造者罗

爱丽丝与渡渡鸟。在约翰·坦尼尔的这幅插画中,渡渡鸟长出了人类的双手,还拄着一根拐杖!

琳(J. K. Rowling)在《神奇动物》一书中提到了球遁鸟,麻瓜都管它们叫渡渡鸟。遇到危险时,这种鸟能够消失遁形。毛里求斯的国鸟也出现在了风靡一时的青少年电视节目中,比如贝尔纳·皮雄(Bernard Pichon)制作的《胖胖渡渡鸟》(Dodu Dodo),这档节目于 1983 至 1986 年间在瑞士的电视频道播出,以及《渡渡鸟归来》(Dodo le retour),这是克里斯蒂安·若勒(Christian Joller)制作的一档生态主题的教育动画片，于 20 世纪 90 年代在法国电视频道播出。年代更近一些，我们能在蓝天工作室制作的《冰河世纪》(2002)动画电影中看到一群傻傻的（但很受喜爱的）、小心眼的、爱好西瓜的渡渡鸟。还有两只渡渡鸟出现在了任天堂于 2020 年推出的热门游戏《集合啦！动物森友会》中，它们是渡渡鸟航空的工作人员，名字分别是莫里斯（Morris）与罗德里格（Rodrigue），简直太妙了[①]！渡渡鸟的美名流芳百世！

渡渡鸟身形宽厚，步态惹笑，令人不禁心生怜悯。然而，它们也是人类失败的象征。渡渡鸟因人类的殖民行为而首当其冲地付出了惨痛代价。还有许多"不为人知的渡渡鸟"，它们的名气比不上查尔斯·路德维希·道奇森在书中创作的憨态可掬的主角，它们的生命之光也已熄灭，比如罗德里格斯巨龟、毛里求斯巨龟、留尼旺巨龟、大海雀、诺福克卡卡鹦鹉（新西兰啄羊鹦鹉的近亲）、福克兰群岛狼、牙买加巨蜥、蓝马羚（一种非洲羚羊，双角细长），以及伯切尔氏斑马（平原斑马亚种，只有身体前部带有斑纹）。这些动物都在 19 世纪消失了。

令人痛心的是，这种糟糕的回忆，不仅仅属于过去。事实恰恰相反！当然，我们会担心那些体形最大、最有魅力、最美丽的濒危动物，比如老虎、红毛猩猩、北极熊以及大象。实

---

① 这两个名字与渡渡鸟曾经的栖息地——毛里求斯及罗德里格斯发音相近。——译者注

　　　　　　　　与生物学家一起读《爱丽丝梦游仙境》

世界上极其稀有的鸟类之一:鸮鹦鹉。虽然是幸存者,但又能生存多久?

际上,还有许多其他动物的生存环境也遭到了威胁,这些动
物又该怎么办呢? 新西兰的鸮鹦鹉(*Strigops habroptila*)是
一种羽毛是绿色的小鸟,和渡渡鸟一样不会飞,如今仅余 201
只,生活在科学家的密切监视下;斯皮克斯金刚鹦鹉(*Cyan-
opsitta spixii*)是动画电影《里约大冒险》的主角,最后一只野
生状态下的雄性个体于 2000 年消失不见;以及许多仅有老
鼠大小的澳大利亚有袋类动物,它们时常被人遗忘,比如宽
足袋鼩属(*Antechinus*)下的不同种,每一次森林火灾对于它
们都是一次威胁。还有许多已经灭绝的动物,比如中国的白
鱀豚(*Lipotes vexillifer*),它是长江的特有物种,于 2007 年
被官方宣布灭绝;圣诞岛伏翼蝙蝠(*Pipistrellus murrayi*)于

2009 年消失不见，它们的邻居圣诞岛森林石龙子（*Emoia nativitatis*），一种小型爬行动物，同样是澳大利亚圣诞岛的特有物种，于 2017 年被宣布灭绝。人口爆炸（近 80 亿人生活在这个星球上！），人类活动不断增多（城市扩张、森林砍伐、化石燃料燃烧），气候变暖，导致人类身边的动植物只能蜷缩在越来越小的栖息地中。我们应该将必要的生存空间还给它们，只有如此，令人痛心的死亡名单才不会越来越长。

与生物学家一起读《爱丽丝梦游仙境》

第 **6** 章　爱丽丝与动物

宠物和家畜

在仙境探索之旅中,除了各式各样的奇怪生物,爱丽丝还遇见了不少与家养宠物非常类似的动物,比如巨大的小狗。小狗想和爱丽丝玩耍,但爱丽丝担心自己会被它踩在脚下,便悄悄离开了。随后她又懊恼地想,如果能有更多时间教它一些小技巧就好了。

更令人惊讶的是,她还遇见了两个改变了外观,从人类变成牲畜的角色,比如公爵夫人的小婴儿。小婴儿哇哇大哭,爱丽丝立刻心生怜悯,抱着他哄了起来。不料小婴儿变成了一头猪,哭声也变成了猪叫声。在《爱丽丝镜中奇遇记》中,同样的事情再次上演:白棋王后发出咩咩咩的叫声,变成了一只绵羊,此后的大部分时间都在织羊毛衫。白棋王后虽然变成了动物,做着家务事,却保留了说人话的能力,与小婴儿变成的猪不一样。达尔文在他的名著《物种起源》(1859)中提到,人与动物源于共同祖先,两者之间具有连续性。刘易斯·卡罗尔的创作灵感是否来自于此?不好说!无论如何,将人型角色(包括一个王后,虽然她是一枚棋子)与农场家畜融合在一起还是十分有趣的。通常而言,农场家畜受人喜爱的程度略逊于家养宠物。

在第一卷书末尾的法庭上,出现了几只豚鼠(*Cavia porcellus*)。它们戏份不多,出场就遭到了粗鲁的训斥。其中一只豚鼠在法庭上鼓起掌来，立刻就被法庭官员按着头塞进了帆布袋。官员还一屁股坐了上去。作者详细地描述了这个过程。爱丽丝表示，她很高兴能目睹这一幕，更好地理解了法庭官员是如何"即刻镇压庭上的捣乱分子"的。随后，第二只鼓掌的豚鼠也被塞进了袋子。没有了啮齿动物的打扰后，爱丽丝心想："（庭审）会进行得更顺利"。全球各地都有以送上餐桌为目的的豚鼠养殖产业，南美洲及非洲尤其多。1532 年，欧洲殖民者占领秘鲁后，将豚鼠引入了欧洲。自 18世纪起，这种动物成为了深受欢迎的家养宠物。虽然豚鼠在书中极不起眼，但爱丽丝理应对它们表现出更多的喜爱之情。可是她没有这么做，令人讶异。

在第二卷书里，最能激发爱丽丝的怜悯之情的是她的猫咪黛娜（在第一卷书中已经出现过），以及黛娜的两个孩子——白雪和凯蒂（在第二卷书中出场）。这几只小猫在冒险旅途中发挥了重要作用。在眼泪池塘旁，爱丽丝是这样向动物们介绍黛娜的："请恕我冒昧地问一句，谁是黛娜啊？"鹦鹉问。爱丽丝热情地作答，因为她随时随地都愿意谈谈她的小猫咪："黛娜是我们家的猫。她是那么个了不起的捕鼠能手，你简直想象不出来。而且，嗬，你们要是能看见她追鸟儿就好了！嘿，她一见小鸟儿就吃！"

听了爱丽丝绘声绘色的描述，在场的动物自然担心性命不保，纷纷拔腿就逃……

在《爱丽丝镜中奇遇记》中,爱丽丝会和两只小猫咪对话,与
它们玩耍。在这张插画中,爱丽丝举起了小黑猫凯蒂

　　虽然在今天,猫咪是很受欢迎的家养宠物,但情况并非
一直如此。中世纪的人们对猫避而远之,认为猫是女巫及魔
鬼的同伙!直到 14 世纪中期,黑死病暴发(1346—1350),人
们才发现了猫的好处。老鼠身上的鼠蚤使得瘟疫大肆蔓延,

而猫能抓老鼠。维多利亚女王出了名地喜爱动物。在她的推动下,刘易斯·卡罗尔的同时代人使猫咪成为了时尚新宠。哈里森·韦尔(Harrison Weir)是一名热爱猫咪的插画家。1871 年,他举办了历史上的首场猫展活动。在猫展上,猫主人骄傲地展示着首批被选育出来的品种猫。虽然后来,韦尔对部分猫主人的态度表示遗憾,且展会上的猫咪有时并不那么舒适,但猫展让更多人认识了猫,爱上了猫。

今天,猫已经成为最受欢迎的家养宠物。2018 年,犬、猫、鸟和其他宠物食品厂商联合会主导的一项研究估计,法国有 1420 万只宠物猫,且数量还在不断攀升(这个数字在 2000 年仅为 976 万)。猫的驯化仍是一个谜(我们能将猫看作驯化动物吗?),但有一点是肯定的:由于人类的驯化,许多犬类已无法独自狩猎,而猫依旧是效率高得可怕的捕食者。猫的数量大幅增长,这对小型动物的生存构成了威胁。家猫(无论是宠物猫还是重回野外的猫)猎捕小型动物会造成多大影响,这难以量化。2015 年,巴黎自然历史博物馆与法国哺乳动物研究与保护学会联合开展的一项调查或许能提供一些线索。调查人员访问了 4000 名猫主人,发现在 15 年内,猫的捕猎行为增加了 50%,主要因为猫的数量在上升。不过,若想让猫咪与各种生物和谐共处,也有一些简单的办法,比如改造花园,限制猫的出门次数,以及为猫绝育。我们的部分邻居已开始强制为猫绝育,比如比利时自 2017 年就开始这么做了。

那么野生动物呢？

　　爱丽丝似乎更喜欢她熟悉的动物，比如猫和狗。面对其他动物，比如昆虫，她表现出了一丝迟疑，担心遭到昆虫叮咬（她承认自己害怕大昆虫，还一度犹豫着想问博学的飞虫会不会咬人）。第一卷书结尾，红心王后举办了一场槌球比赛。在这个场景中，动物被用作道具。它们不会说话，这在书中是极其罕见的，凸显了它们的工具属性。槌球是刺猬，球棒则是火烈鸟。在《爱丽丝地下历险记》的手稿中，火烈鸟原本是鸵鸟，但插画师约翰·坦尼尔认为，鸵鸟做球棒的可信度不高（火烈鸟才可以！）。故事里的火烈鸟明显并不听话。在击打刺猬的瞬间，它们不愿乖乖地一动不动，这让爱丽丝哈哈大笑。随后，火烈鸟还试图飞走。一旁的刺猬也将身体舒展开来，在槌球场上悠闲散步，甚至还吵起了架！我们或许可以认为，爱丽丝与野生动物的关系似乎较为疏远，因为它们难以沟通，也不好管理。

　　与爱丽丝有所交集的野生动物还有一只小鹿，这段故事出自《爱丽丝镜中奇遇记》。爱丽丝走在所有东西都没有名字的树林中，走了几步后，她便忘记了自己的名字，也忘记了自己是个小女孩。小鹿询问爱丽丝叫什么名字，随后她们决定一起走出树林。出了树林，就能告诉对方自己的名字了。然而事情的走向却令人伤心。走出树林时，爱丽丝还亲昵地

搂着小鹿的脖子。小鹿高兴地叫道,原来它是一只小鹿。随
后又说:"哎呀!你是一个人的孩子!"那双美丽的棕色眼
睛忽然露出惊恐的神色,于是一转眼工夫它已经像箭一
样全速跑掉了。这个段落很好地说明了人与野生动物难以
共处。我们和野生动物之间隔着一道界线,无法互动,也无
法建立起和平的关系,这大概要归咎于千百年来人与野生动
物的冲突与矛盾。

在这两张图里,虽然爱丽丝与火烈鸟及小鹿都有肢体接触,但很
明显,她和这两种动物的关系并不相同。而且值得注意的是,在
左图中,爱丽丝以征服者的姿态踩在了刺猬槌球上

吃或被吃

在《爱丽丝梦游仙境》中，食物有着十分重要的作用。除了品尝了能改变体形的瓶中液体、饼干及蘑菇外，爱丽丝还在多个段落中表现出了对食物的浓厚兴趣。在第二卷书中，博学的飞虫为爱丽丝介绍了镜中世界的昆虫，而爱丽丝只好奇一个问题："它们吃什么呢？"

爱丽丝在旅途中遇见了一些"现实世界也存在"的动物，她和它们的关系令人吃惊，这一点借由爱丽丝对食物的痴迷反映了出来。小女孩在和动物对话时，好几次都不得不及时住口，因为她想起她曾吃过面前的动物。

这种事情第一次发生在爱丽丝被一只鸽子攻击的时候。鸽子守卫着鸟巢，宣称爱丽丝是一条贪吃的蛇，想要抢走它的蛋！面对鸽子接二连三连珠炮似的问题，爱丽丝坦诚地表示："在吃蛋这件事情上，人类小孩并不需要羡慕蛇。"

第二次是当假海龟问起爱丽丝是否见过龙虾时，她刚准备说她吃过，但又马上改口表示："没有，从来没见过。"在牙鳕身上也发生了同样的事情。假海龟问爱丽丝是否见过鳕鱼，爱丽丝回答道："是啊，我经常看见它们是在餐——"（她发觉说漏了嘴，赶紧打住）。

在《爱丽丝镜中奇遇记》里，爱丽丝的想法似乎发生了极大转变。听完了海象与木匠把一群小牡蛎吃掉的故事后，爱丽丝说她更喜欢海象,因为海象对可怜的软体动物抱有怜悯之情。随后她又怒骂起海象与木匠,对它们将牡蛎吞下肚子的行为表示不满。这与她从前的想法背道而驰。爱丽丝变成素食主义者了吗?还有另外一段令人吃惊的故事,似乎使爱丽丝改变了习惯,开始思考食物的意义。在第二卷书末尾,爱丽丝成了王后,参加一场盛大宴会。红王后与白王后也在场。爱丽丝刚刚坐下,一只羊腿便被端了上来。

"你似乎有点儿胆怯,让我来把你介绍给这只羊腿吧,"红王后说。"这位是爱丽丝——这位是羊腿。这位是羊腿——这位是爱丽丝。"羊腿竟然在碟子上站了起来,对爱丽丝微微鞠一躬!爱丽丝回了礼,不知道自己究竟是受到惊吓,还是感到有趣。

"我能给你们一片肉吗?"她说,拿起了刀和叉子,眼睛瞧瞧这位王后,又瞧瞧那位王后。"当然不可以,"红王后非常坚决地说。"把任何被你介绍过的人切开是不合礼节的。把大块肉撤下去!"

真麻烦,不是吗?

相较于动物学,刘易斯·卡罗尔对数学逻辑更感兴趣。虽说如此,这几段与吃肉相关的段落似乎反映了"在对待动物方面,人们的观念的演变"。这种演变在刘易斯·卡罗尔的年代便已萌芽。19世纪,欧洲动物保护运动迈出了重要的第一步。英国议会通过了世界首部动物保护法案——《马丁法案》，由爱尔兰议员理查德·马丁（Richard Martin）提交，他反对虐待牲畜。该法案于 1822 年被采纳。马丁还联合牧师亚瑟·布鲁姆（Arthur Broome）及威廉·威尔伯福斯（William Wilberforce，一名废奴主义者），于 1824 年创立了英国防止虐待动物协会。1850 年 7 月 2 日，法国通过了《格拉蒙法案》。公开虐待宠物与家畜的人将被处刑。那个年代十分盛行的斗狗及斗鸡活动也被取缔，人们的观念逐渐发生了变化。

第二部分

仙境中的茶话会

"我可不想到一群疯子中间去。"爱丽丝说。

"噢,这你可没办法了,"猫说,"我们这儿
全是疯子。我是疯子,你也是疯子。"

第 **1** 章　疯子宾客

"那边(……)住着一个帽匠。而那边(……)住着一只三月兔。随你拜访谁都行:他俩都是疯子。"

　　　　　　　　与生物学家一起读《爱丽丝梦游仙境》

如果要描述爱丽丝遇见的仙境居民的特征，或许可以这么说：大部分都是彻头彻尾的疯子。而且，柴郡猫也对爱丽丝说过一模一样的话："我们这儿全是疯子。我是疯子，你也是疯子。"不过，有的人物举止癫狂并非出于偶然，而是隐喻了那个年代表示"疯癫"的英语俗语。此外，按照柴郡猫的逻辑，我们也都是疯子，因为我们正漫游在仙境中呢。让我们一起来了解一下这些疯疯癫癫的角色吧！

像疯帽子一样疯

在刘易斯·卡罗尔的年代，流传着一句俗语："疯得像个帽匠"（mad as a hatter，最早的书面记载可追溯至 1829 年）。这句俗语起源不明，人们提出了若干假设。有人认为，hatter 一词源自古英语 atter，是"毒药"的意思（atter 又源自 adder 一词，意思是"蝰蛇"）。而 mad 可以理解为"气得发疯了"。因此，这句俗语的意思就是"像蝰蛇一样生气"。也有人认为，这句俗语源自 19 世纪。那时的帽匠在制作帽子时会接触汞，导致精神失常。实际上，在 19 世纪中期以前，男士的帽饰大多为毛毡质地。毛毡是一种无纺材料，可由多种原材料制成，包括羊毛、动物毛发，以及今天的合成面料。经过一系列的机械操作（摩擦、压实）以及加热加湿，让原材料紧实地纠结在一起，变成毛毡。

在过去，河狸毛最受追捧。人类大肆猎捕河狸，摧毁了它们的栖息地。欧洲的河狸、随后是美洲的河狸变得越来越稀有，河狸毛发也愈加昂贵。但问题不大！帽匠开始使用野兔毛及家兔毛来代替河狸毛，可是兔毛的毡化效果并不理想。为了解决这个问题，他们将水银溶于硝酸中，对动物毛进行"毡合预处理"。有意思的是，这种水银溶液会让动物毛变成橙色。这也是为什么在电影《爱丽丝梦游仙境》（2010年，由蒂姆·伯顿执导）中，约翰尼·德普（Johnny Depp）饰演的疯帽子长着橙色的头发和指甲。

虽然在现实中，水银不会改变制帽厂工人的头发颜色，但会引发许多其他问题。这些问题自 18 世纪中期开始浮现，可制帽业的利润实在丰厚，没有人愿意放弃这份工作。受水银影响最大的是缩绒工人，他们在热气腾腾的大桶上方工作，负责将动物毛、水以及含有水银的溶液倒入桶中加工。工人除了会吸入有毒蒸气外，还习惯饮酒解渴（虽然酒精能缓解工作的艰辛，却无法解决水银引发的问题……）。汞中毒（汞的拉丁语词为 *hydrargyrus*。汞的化学符号 Hg 也由此而来）会导致工人指甲变色、颤抖、抽搐、瘫痪、掉牙、口腔内部炎症，以及消化问题、呼吸问题、肾脏问题等。此外，中毒者会情绪不稳，甚至会性格大变（极度内向、烦躁不安），还会出现失忆、失眠等症状。

制帽工人并不是水银的唯一受害者。流传至今的毛毡帽中仍含有汞，虽然帽子的买主不会出现严重的中毒症状，但据记载，那时的制帽厂与邻近街道上都飘浮着一团团汞蒸气。含汞化合物不仅污染了空气，也污染了土壤和水体。1770 至 1830 年间，制帽厂、制镜厂及镀金厂在巴黎右岸共倾倒了 600 吨水银（如果你居住在巴黎右岸，又幸运地拥有一处小花园，请不要直接在土壤中栽种蔬菜。这条建议也适用于所有居住在城市中的读者。城市土壤往往会受到汞或其他物质的污染，比如重金属）。后来在欧洲，水银在工业中的使用受到了严格监管，但在其他地区并非如此。反对的声音来自各行各业，包括工业、矿业，甚至淘金产业。淘金者不但摧毁了淘金地的自然环境，还会将水银与金子混合，制成汞

合金，再通过蒸发提取出黄金。含汞化合物会随着降雨回到自然环境中，落入河流，使鱼类及饮用河水的当地居民中毒。更糟糕的是，细菌会将水银转化为甲基汞，这是一种极易被生物同化①的神经毒素。这就是为什么人们说，要留心平日的鱼类摄入，尤其是处于食物链顶端的鱼类，它们体内积攒的汞元素最多。孕妇接触甲基汞的危害更大，这种神经毒素会给胎儿及幼儿带来极大的副作用。

还是回到疯帽子的故事上吧！他是水银中毒了吗？在第一卷书结尾，红心杰克被指控偷走了王后的馅饼。审讯会上的疯帽子一反常态，晃来晃去，还把茶杯咬下来一大口，嘴里不知在嘟囔着什么，身子也抖得厉害，连鞋子都抖掉了。这很可能是汞中毒的症状！疯帽子第一次遇见爱丽丝时表现得十分热情，而审讯会上的他似乎变化不小。他是在这期间中毒的吗？毕竟，性格大变也是汞中毒的症状之一。

但沃尔德伦（H. A. Waldron）认为，疯帽子的这些举动与汞中毒毫无关系，他的人物原型或许是西奥菲勒斯·卡特（Theophilus Carter）。卡特是一个性格古怪的家具商。刘易斯·卡罗尔在基督教会学院任教时，卡特也在那里工作。然而没有证据表明，卡罗尔认识卡特。疯帽子的另一原型或许是托马斯·兰道尔（Thomas Randall），他 1859 年时任牛津

---

① 生物同化，指生物把消化后的营养重新组合，形成有机物，并贮存能量的过程。

市长，也是一名帽匠。爱丽丝·利德尔与兰道尔十分熟悉，时常去他家遛狗。不过，疯帽子的人物原型也有可能另有其人！

疯帽子是书中极具代表性的主角人物，与三月兔及睡鼠（似乎是三个人物中最不疯癫的）组成了搞笑三人组。现实中的睡鼠（*Glis glis*）冬眠时间很长（10月至次年4月），书中的睡鼠也一样，大部分时间都在睡觉。因此究竟谁比较疯，这很难衡量。三人组中的另一名成员——三月兔——精力旺盛，似乎确实是个疯子。它的疯癫是季节性的吗？爱丽丝的想法——"现在是5月，或许它不会那么疯……至少不会比3月疯吧"——有道理吗？一起来一探究竟吧！

在春天发疯的野兔

为什么野兔在3月时尤其癫狂？英语俗语有云："像三月兔一样疯狂"（mad as a march hare）。繁殖季节，野兔的行为习性会发生变化，看上去就像发疯了一样。

欧洲野兔（*Lepus europaeus*）在平时大多昼伏夜出，我们几乎难以见到它们。然而繁殖季（1月至8月）时，它们会在白天频繁活动，尤其在春天（著名的3月），简直忙得不可开交！它们会使出全力，在草地上你追我赶，还会上演拳击赛，拳拳到肉！了解了这个知识点，或许就能在社交场合出出风头了。在繁殖季节，雄兔与雌兔会互相追逐，雌兔能借此了解追求者(们)是否精壮。若雌兔没有做好交配的准备,它们就会站起身来,与距离自己最近的雄兔打一场拳击赛。野兔出拳速度极快,(每秒最多能出五拳!)有时还十分粗暴。它们的耳朵上可能会留下伤疤,兔毛乱飞的场景也并不罕见。通过奔跑追逐及打拳击比赛,雌兔能够评估雄兔的能力,从而挑选出最优秀的雄兔进行交配。有意思的是,即使雌兔的子宫中正怀着兔宝宝,它们也能再次怀孕。这一现象被称作**异期复孕**。

雌兔与雄兔的"拳击赛"

在繁殖季仿佛发疯了的动物不止野兔。动物世界的奇异求爱场面之多,这一本书可写不下! 你或许已经见过,原

与生物学家一起读《爱丽丝梦游仙境》

鸽（*Columba livia*）的雄性会竖起颈部羽毛，围着雌性绕圈。还有更奇特的例子，强烈推荐你上网看看视频，绝对值得一看！ 翎颌鸨（*Chlamydotis undulata*）的雄性会竖起胸前的羽毛，缩着脑袋，追在雌鸟后面。它们仿佛无头苍蝇，不看方向地到处乱跑。说起苍蝇，雄性果蝇（夏天时，我们经常能在水果上看见这种小苍蝇）也会追着雌性果蝇，同时震动一侧的翅膀，奏出一曲小夜曲。

最佳歌手奖或许要花落澳大利亚的华丽琴鸟（*Menura superba*），它们不但会炫耀尾巴上的靓丽羽毛，还能模仿各种声音，包括其他鸟类的歌声、人类的声音、犬吠声、电话铃声，甚至电锯声……极乐鸟主要生活在澳大利亚与新几内亚，它们在求偶时会翩翩起舞，做出十分古怪的动作，有时古怪得在人类看来甚至不像鸟类了。

最令人印象深刻的舞者大概是华美极乐鸟（*Lophorina superba*）、黑镰嘴风鸟（*Epimachus fastosus*）以及阿法六线风鸟（*Parotia sefilata*）。不过，舞蹈表演不是鸟类的专属。孔雀蜘蛛（*Maratus volans*）的雄性会将两只足及色彩斑斓的后体（身体的后部，相当于昆虫的腹部）抬起，跳一段自编的舞蹈。这个时候，交配繁殖并不是唯一选项。如果蜘蛛女士没有被表演征服，蜘蛛先生随时可能变成蜘蛛女士的盘中餐！因此，表演者肯定会竭尽全力，奉上最好的演出。

冠海豹（*Cystophora cristata*）的雄性也会将一处彩色器官展现在它们心仪的美人面前……那就是左鼻孔的鼻中隔！

没错，不过不是你想的那样……冠海豹的鼻腔异常肥大。繁殖季时，雄性冠海豹会使鼻中隔充气膨胀，直到从鼻孔中伸出去，看上去就像在鼻子上挂了一个红色的气球。

求偶时使出浑身解数的雄性！从左至右：冠海豹、华美极乐鸟以及孔雀蜘蛛（其实它们只有 4 毫米大）

部分雄性动物是名副其实的艺术家。窄额鲀属（*Torquigener*）的雄性气球鱼会在海底的沙子上画出圆形图案，有的直径长达两米！园丁鸟科（*Ptilonorhynchidae*）的雄鸟会使用干草及树枝建造求偶巢穴和凉棚。有的园丁鸟还会添加装饰，比如缎蓝园丁鸟（*Ptilonorhynchus violaceus*）偏好使用蓝色的元素进行装饰（花朵、水果、其他鸟类的羽毛，以及塑料制品，比如瓶盖、汽车钥匙、橡皮筋）。这种鸟甚至还会将唾液、木炭及碾碎的浆果混合起来，在求偶场所的内部作画，实在讲究！无疑是真正的艺术家！

这些不过是雄性的万千求偶行为中的几个例子罢了。在这些例子中，往往是雄性为了讨好心上人而不遗余力（聪明人无需细说……）。而有的物种雌雄双方都会做出求偶举动，有的物种是雌性掌握着主动权。部分灵长目动物，比如海南长臂猿（*Nomascus hainanus*）、黑冠长臂猿（*Nomascus nasutus*）以及白脸卷尾猴（*Cebus capucinus*），雌性会跳舞吸引雄性。有的物种的雄性个体会在繁衍上倾注许多心血，雌性则会一争高下，从而为后代抢得最优秀的父亲。这些雌性甚至会打扮得比雄性更加花枝招展，跳起求爱舞蹈，或和同性打得不可开交。部分海龙（一种长得像海马的鱼）与瓣蹼鹬（一种水栖候鸟）便是如此。为了获得异性青睐，动物会唱歌跳舞、比武打斗、修建艺术品、送出礼物……求偶举动是同种个体间的认可信号，且个体能借助求偶行为来评估潜在伴侣的优劣。这非常重要！因为这个选择决定了生存及繁衍后代的概率。

说起繁殖，仙境中有一个角色在这个方面无人能敌。这个物种一年能繁殖 6 次，每次可以产下 12 只幼崽。繁殖能力极强，能迅速占领大片土地。你知道是谁了吗？是兔子！虽然书里没有明确说明白兔先生发情了，但它确实迟到了……

跟随白兔先生的步伐

　　和人们所认为的不一样,爱丽丝追逐的白兔并不是被驯化的三月兔。实际上,它们是兔形目(而非人们有时说的啮齿目)下完全不一样的两种动物。兔形目涵盖了 27 种家兔、32 种野兔及 33 种鼠兔(一种长得像可爱小家兔的哺乳动物,耳朵圆圆的,生活在亚洲和北美洲)。观察它们的牙齿,你就能轻易分辨哪些是兔形目动物,哪些是啮齿目动物:兔形目拥有 4 颗上门牙,而啮齿目只有 2 颗。它们的饮食习惯也有所不同:兔形目只吃草木,而啮齿目是杂食动物,它们的食物包括谷物、块茎、昆虫及肉类……此外,与啮齿目不一样的是,兔形目没有阴茎骨。

　　如果想知道你家花园里的兔子是家兔还是野兔,你可以观察它们的形态:野兔的体型更大、更修长;家兔比较小,胖乎乎的。也可以观察它们的耳朵:欧洲野兔的耳朵尖尖的,末端有一块黑斑。而且野兔不会挖洞,雌性野兔会把幼崽产在有浅坑的地方。刚刚出生的小野兔身上便覆有毛发,四周左右大就会断奶。而家兔是群居动物,会挖凿洞穴,以便遇到危险时有藏身之处。它们的幼崽在巢穴中诞生,刚出生时既不能看也不能听,身上没有毛发,但同样也在出生四周后断奶。

　　仙境中的白兔先生是一只有粉红色眼睛的白兔,那么它肯定是一只家兔，因为患有白化病的动物在野外难以生存。它们视力不佳，不擅长伪装自己，部分种甚至无法找到另一半。若你在野外看到这种兔子，那它们大概率是从实验室中逃出来的！实际上，虽然白化病动物体内缺少黑色素，但它们仍旧被大量地用于科学实验。色素会影响动物体内的多种化学反应，使得部分实验结果出错。自19世纪起，科学家就开始使用白化病动物做实验了。那个年代的人们会把白化病老鼠挑选出来并饲养，将它们放在展会上展览。若做实验时需要动物，科学家往往会选择这种患有白化病的驯化动物。后来，人们普遍认为白化病动物更为温顺，这个传统便一直延续了下来。

说回我们的兔子吧。家兔由穴兔（*Oryctolagus cuniculus*）演化而来，而穴兔很可能来自西班牙。因为科学家在西班牙找到了最古老的穴兔化石。家兔在过去作为食物及皮草的来源为人所用，近年来成为了人们的宠物，也被用作实验对象。不过直到中世纪，家兔才成为驯化物种，比母牛、山羊及绵羊等动物晚得多，这些动物在公元前8000年已被驯化。在历史上，家兔往往会被饲养在特定地点（有的封闭，有的不封闭），供特权阶层狩猎（大多是当地的庄园主）。这些地方被称作养兔林。直到19世纪，家兔才被饲养在兔笼中。也是自19世纪起，人们才开始真正地选育家兔个体，培育出了现有品种，比如佛兰德巨型兔、英国垂耳兔以及侏儒兔。

家兔的特征之一是，它们会"像家兔一样"繁衍！设想一个这样的情景：理论上来说，一只雌兔每两个月就能产下 6 只幼崽，其中 3 只为雌性。假设一切顺利，它们不生病也没有遭遇天敌。这 3 只雌性幼崽将在五个月大时产下它们的第一胎小兔子。那么一年后，共有多少只兔子？（这是一道趣味数学题，或许会让你想起学生时光！）答案是：很多！（我们计算过了，一年后将有 272 只兔子！）对于畜牧业而言，如此强的繁殖能力是一个优点；但如果把家兔放在没有捕食者的地方，它们的数量将不受控制，这对生态系统来说是一个灾难。

左侧是体形较小的穴兔，右侧是拥有引人注目的长耳朵的野兔。这两种动物的生活方式截然不同

古时候的人们已经发现，入侵物种会引发许多问题：古希腊历史学家、地理学家斯特拉波（Strabo）及古罗马作家、博物学家老普林尼都提到了巴利阿里群岛上的家兔肆虐成灾一事。岛上居民甚至要求罗马皇帝屋大维授予他们新的耕地，或者派遣军队消灭家兔。

不过，最著名的例子当属"澳大利亚引入的家兔"。1859年，岛国澳大利亚引入了 24 只家兔，用以供人们狩猎作乐。当地气候温和，家兔的天敌数量少，这批家兔（加上以前引入的家兔）迅速繁衍。1920 年，澳大利亚的家兔数量约 1000 万只，大部分是 1859 年引入的那 24 只家兔的后代。除了对农作物有影响外，家兔还会啃食树苗，且偏好特定种类，因而改变了植物群的物种组成。它们还会与有袋动物争抢食物与住处。同时，家兔成为了狐狸（与家兔一样被引入供狩猎取乐）的猎物。狐狸数量亦成倍增长，影响了澳大利亚的本土动物群。为了控制家兔数量，人们只好修建围栏。最著名的大概是修建于 20 世纪初的澳大利亚西部的防兔栅栏，由北至南横跨 3256 公里。人们还修建了陷阱，投放毒药。可惜的是，这些举措影响的并不仅仅是家兔。此外，人们还捣毁了家兔巢穴，在饮水点周围设置障碍，希望它们能因缺水而死……20 世纪 50 年代，澳大利亚政府决定采取更大规模的行动，引入了黏液瘤病病毒（兔黏液瘤病会引发诸多症状，包括头部和生殖器官的肿瘤及肿胀，以及结膜炎，致命性强）。短时间内，家兔数量有所下降，然而，不久之后便出现了能抵抗这种病毒的家兔个体。1995 年，另一种病毒——杯状病毒——被引入澳大利亚，这种病毒会令兔子患上出血性疾病。而家兔再一次地演化出了能够抵抗病毒的个体。如今在澳大利亚依旧生活着约两亿只家兔，当地政府仍在不懈寻求生物武器，来消灭这些动物！

在澳大利亚，黏液瘤病病毒至少在一段时间内起到了正面作用，然而这种病毒却在欧洲造成了极为可怕的后果。20 世纪 50 年代，欧洲人草率地将黏液瘤病病毒带到了欧洲，虽然重创了家兔的繁殖，但也对大自然中的其他物种以及以家兔为食的物种造成了灾难性后果。实际上，家兔是欧洲生态系统中的一部分，也是许多捕食者的食物来源。家兔数量减少，导致大型捕食者——比如西班牙猞猁（*Lynx pardinus*）及西班牙帝雕（*Aquila adalberti*）——数量锐减。如今这两种动物都已是濒危物种。

爱丽丝遇见的白兔还有其他寓意：它开启了两个世界之间的通道，也是好奇心的象征。在电影《黑客帝国》的开头，主人公便需要跟着"白兔"走。摇滚乐队杰斐逊飞机（Jefferson Airplane）于 1967 年推出了一首以《白兔》为名的歌曲，提到了刘易斯·卡罗尔创作的数个角色，还提到了吃一边让爱丽丝变高、吃另一边又让她变矮的蘑菇。仙境中有这样的东西吗？如果有，又都是哪些呢？让我们一起在下一章中一探究竟吧！

第 **2** 章　足以让你神志不清

她正好与一只大蓝毛毛虫的目光相遇,后者正交叉着胳膊坐在蘑菇顶上,一声不响地抽着一只长长的水烟袋。

爱丽丝遇见了一只抽着水烟的毛毛虫,这是《爱丽丝梦游仙境》里最著名的桥段之一。水烟源自印度,爱丽丝与毛毛虫的故事常常与致幻物质联系在一起。爱丽丝的感知发生了变化,是因为吃下了致幻物质吗?毛毛虫吸的水烟里有什么?爱丽丝吃下的蘑菇又是哪一种蘑菇?不如一起跃入白兔先生的兔子洞,去寻找答案吧!

爱丽丝梦游仙境综合征

与爱丽丝交谈后,毛毛虫建议她吃几口蘑菇,好变成合适的高度,随后便不见了。自20世纪60年代起,这个段落与坦尼尔的插画被大量援引,用于指致幻物质(为了变身,爱丽丝吃了、喝了不同的东西)。虽然尚未证实刘易斯·卡罗尔食用了致幻物质,但精神病医生约翰·托德(John Todd)于1955年描述了一种真实存在的综合征,并以这本书命名。托德发现,有的人会难以感知物体的大小比例,甚至无法感知自己身体的比例,尤其在偏头痛发作的时候。这就像爱丽丝吃了蘑菇后,脑袋离双脚越来越远,最后甚至升到了大树上面。有的人还会听见声音,触觉发生变化,失去时间概念。刘易斯·卡罗尔似乎也有偏头痛的毛病,并患有类似症状(1856年,他因为这些症状看不清东西,还看了一位眼科医生)。卡罗尔在书中描写的爱丽丝的感知变化,灵感或许源于自身经历。他可能知道,食用部分植物及真菌后也会出现这些症状。他有一本这方面的书籍，名为《睡着的七姐妹》（*The Seven Sisters of Sleep*，1860），作者是莫迪凯·丘比特·库克（Mordecai Cubitt Cooke）。

虽然我们永远无法确定刘易斯·卡罗尔的创作灵感来自哪里，（或许是偏头痛与精神活性物质的共同产物？）但是，研究大自然中能改变我们对世界及自身感知的化合物，总是十分有趣的。就像爱丽丝说："我怕是自己也说不清楚了，先生，因为你看，我已经不是自己了。"在本章中，我们会谈到植物与真菌。但要注意，这不过是为了丰富我们对世界的认知，仅此而已！用于精神治疗或医疗用途的药物必须严格管控。我们建议你永远不要摄入不了解的物质，如果要摄入，务必征求专业人士的建议。"天然"的并不一定就是无害的，许多植物实际上都具有毒性。有的植物大家都知道是有毒的，比如毒堇；而有的植物因为过于常见，大家有时会忘记它们的危害，比如铃兰、夹竹桃以及土豆（人们不吃发芽的土豆是有原因的！）。

具有精神活性的真菌与植物

具有精神活性的真菌与植物中的某些化合物会影响我们的**中枢神经系统**，改变我们的感知、情绪、意识及行为……精神活性物质可分为多个种类，分类方式与时俱进。有意思的是，并不是所有精神活性物质都是毒品，比如咖啡就属于兴奋剂。致幻剂也是一种精神活性物质，不仅会引起幻觉，还会扭曲感官（包括视觉、听觉、空间感及时间感）及身体意象。

自史前时代起，具有精神活性的菌类与植物就被用于灵修活动中，被用作药物、占卜工具等。人们在距今18000年前的沉积物中发现了毒蝇伞的使用痕迹。大麻、罂粟、曼陀罗、颠茄、大果柯拉豆、古柯、苦艾、佩奥特掌、依波加以及迷幻鼠尾草，这些都是为人熟知的精神活性植物。著名的精神活性真菌包括毒蝇伞及裸盖菇属（*Psilocybe*，即著名的"神奇蘑菇"）①。这些物种产生的分子会作用于大脑的部分感受器，改变它们的机能。

有机体产生这类分子，这对它们自己有什么好处呢？科学界众说纷纭。精神活性物质大多是生物碱，即氨基酸的衍生物，属于次级**代谢**产物。也就是说，它们不直接参与有机体的发育及核心机能，但会参与到有机体与外界环境的相互作用中。生物碱的用途有很多，包括防御捕食者，吸引可能会传播孢子及种子的个体等。这些物质也可能仅仅是化学反应的副产品，而对植物本身没有任何好处（至少在目前的演化阶段是如此）。

---

① 这些都是有毒的致幻蘑菇，在我国私自种植、出售和故意食用都属于违法犯罪行为。

颠茄

裸盖菇

古柯

佩奥特掌乌羽玉

毒蝇伞

曼陀罗

需要我们警惕的致幻物种

　　以裸头草碱为例。裸头草碱是一种活性成分,在物种的演化中出现过若干次。这种分子对真菌应该是有好处的,但好处是什么呢? 2018 年,阿里·阿万(Ali R. Awan)及团队对此进行了研究,提出了假设:裸头草碱能吸引食菌性昆虫,好让昆虫帮真菌传播孢子。当食菌性苍蝇食用真菌时,会摄入裸头草碱。这种物质能让苍蝇胃口大开,促使它们更好地传播孢子。但这仍只是假设而已。要想揭开精神活性植物与真菌的神秘面纱，人类还有很长的路要走！

我们在文中特意区分了植物与真菌，即便这很可能会让文章变得冗长，因为这是两种截然不同的东西。在过去，真菌与苔藓、蕨类及其他有机体一起被归入了隐花植物。但其实，真菌与植物属于完全不同的两个界。

爱丽丝的蘑菇

真菌不是植物，但是在 1969 年以前，人们一直认为真菌是植物。那一年，罗伯特·惠特克（Robert H. Whittaker）发表著作，提出了新的分类方式——五界（动物界、植物界、真菌界、原生生物界及原核生物界）。18 世纪瑞典著名博物学家林奈为生物分类时，将最高级别称作"界"。他根据当年的学界思想，定义了两个界：有感觉、能活动的物种属动物界；没有感觉、无法活动的物种属植物界。真菌自然而然地被归入了第二界。而且，由于菌类的生殖器官是隐藏起来的，因此被分入了隐花植物纲。

随着认知的进步，人们开始质疑这种分类方式。虽然真菌细胞与植物细胞一样，都拥有细胞壁，但真菌细胞的细胞壁并非由纤维素构成，而是由甲壳质（昆虫与甲壳动物的外壳中就含有这种物质）组成的。而且，真菌细胞没有叶绿素（让植物显出绿色的色素），没有**叶绿体**，因此无法进行**光合**

与生物学家一起读《爱丽丝梦游仙境》

作用,也无法将矿物质转化为糖。真菌是异养生物,需从外界获取有机物。真菌与动物一样,也需要摄入其他有机体才能存活。在真菌体内,糖类以糖原形态被储存起来;而在植物体内,糖类以淀粉形态存在。上述知识被人发现后,真菌就不能继续待在植物界了。这就是为什么惠特克提议新建一个名为"真菌"的界,包含蘑菇(就是人们在散步时采摘的蘑菇)、酵母、霉菌、锈菌以及霜霉菌。

随着遗传学的发展,惠特克提出的五界分类方式同样遭到了质疑。关于这个课题的辩论仍未休止,有的人对此十分感兴趣,有的人则认为无聊至极。长话短说,目前而言,迈克尔·鲁杰罗(Michael A. Ruggiero)及同事提出的分类方式暂时得到了一致认可。他们将生物分为七界:细菌界(*Bacteria*)、古菌界(*Archaea*,形态大小类似细菌,但部分**基因**及代谢途径与其他界的生物更为接近)、原生动物界(*Protozoa*,小型有机体,通常为单细胞生物,比如阿米巴原虫、草履虫以及俗称"布罗布"的多头绒泡菌)、色藻界(*Chromista*,比如褐藻、硅藻及霜霉菌)、植物界(*Plantae*)、真菌界(*Fungi*,比如蘑菇)及动物界(*Animalia*)。[①]

现在我们已经知道,真菌不是植物,但真菌的形态是不是可以简单地概括为菌柄和菌盖,就像抽水烟的毛毛虫坐的

---

① 中国采用三域分类,分别是细菌域(Bacteria)、古菌域(Archaea)和真核域(Eukarya)。

蘑菇一样？实际上，我们在森林中采摘的、俗称"蘑菇"的东西，其实是一个大得多的有机体的生殖器官。这个有机体由长长的细丝组成。这些细丝被称作"营养**菌丝体**"，大多生长在地下。是的，你没有看错，我们平时吃的其实是真菌的生殖器官（你或许再也无法像从前一样看待煎蛋卷中的蘑菇了）。这些生殖器官被称作"**子实体**"，形状不一：有的有柄有盖，比如爱丽丝的蘑菇；有的像花瓶一样，比如鸡油菌；有的圆滚滚的，比如松露；还有的像舌头似的，比如长在树干上的多孔菌。

有的子实体十分巨大，欧洲的网纹马勃边长超 2 米，重逾 20 千克。中国的一株椭圆嗜蓝孢孔菌（*Phellinus ellipsoideus*）创造了世界纪录，它的子实体长 10.8 米，宽 82 至 88 厘米，重量估计达 400 千克至 500 千克。但话说回来，菌丝体才是真菌的主要构成部分（占据了真菌 99% 的重量），因此世界上最大的真菌应该是一株奥氏蜜环菌（*Armillaria solidipes*）。这株蜜环菌生长在美国俄勒冈州东部的马卢尔森林中，菌丝体绵延超过 960 公顷，几乎与万森讷森林①的面积相当。

仙境中子实体的大小还算正常，却能改变人的大小，正如毛毛虫所说："蘑菇的一边会使你长高，另一边会使你变矮。"这株蘑菇或许是毒蝇伞（*Amanita muscaria*）。吃下它

---

① 巴黎郊区的一处森林公园。——译者注

　　　　　　　　与生物学家一起读《爱丽丝梦游仙境》

变色栓菌

红笼头菌

篦齿地星

灰色锁瑚菌

蜜环菌

各式各样的子实体

们,我们身体的大小虽然不会直接改变,但我们对自身大小的感知却会发生变化:物体及我们和物体之间的距离会变得非常大或非常小。毒蝇伞导致的症状在维多利亚时期已为人所知,部分原因要归结于莫迪凯·丘比特·库克的作品(前文已经提过)。这种蘑菇还会引发其他问题,比如出现幻觉、感官改变、无法专注、陷入深度睡眠等。罪魁祸首是精神活性化合物:蝇蕈醇及其前体物质鹅膏蕈氨酸。这两种物质会影响中枢神经系统神经元的信息传递。

人们会使用这种真菌来驱赶苍蝇。这也是它们名字的由来。从前，人们会把毒蝇伞的碎块放在小杯子里，添入牛奶，有时还会加入糖。吃了这杯东西的苍蝇将倒地不起，腿脚朝天，仿佛被雷击中了一般。不过大约一个小时后，苍蝇就能起身飞走了。看来，这种蘑菇应该改名为"晕蝇伞"才是！

总而言之，毛毛虫坐的很可能就是一株毒蝇伞，爱丽丝吃下的也正是这种菌。但是，仙境中可不只有这一种精神活性物质。不如一起来看一看吧！

动物也会上瘾

有的动物和《爱丽丝梦游仙境》中的毛毛虫一样，也会摄入精神活性植物或真菌。它们只会啃食植物及真菌的某一部分，这似乎说明它们的这种行为是有针对性的，不仅仅是为了果腹。而且，部分精神活性植物及真菌被人类发现并使用，是因为动物摄入它们后，行为会产生变化，人们观察到了这一现象。实验结果也证实了人们的观察。举一个离我们比较近的例子。你或许已经注意到，猫咪在嗅闻猫薄荷（*Nepeta cataria*，亦称"猫草"）后会做出什么行为。无论是装入玩具中的干燥猫薄荷，还是灌入喷雾器的液态猫薄荷，都能让我们的四脚朋友产生相同反应：它们会兴奋得发狂，不断地嗅闻这种味道，在地上打滚，摩擦自己的身体……猫薄荷的效果持续时间往往不长，而且，也不是所有猫咪都对这种植物同样敏感。引发这种效果的是一种挥发性分子——荆芥内酯，它同样能使其他猫科动物兴奋不已，比如猞猁、老虎、狮子及美洲狮。

猫薄荷（*Nepeta cataria*）

荆芥内酯对部分昆虫也会起作用，但效果不大相同。这种物质不仅丝毫不会令它们感到兴奋，反而会引起蟑螂、白蚁及蚊子等昆虫的厌恶。虽然多个研究表明，荆芥内酯——或者说猫薄荷——有驱虫作用，但它目前似乎并未被大规模地用在驱蚊产品中。你可以试一试，在花园或窗台的花箱中种植一株猫薄荷（非常好养），只不过往后的夜晚将不再安宁：吵醒你的不再是小飞虫的嗡嗡声，也不是虫子叮咬的瘙痒感，而是兴奋的小猫咪。

本章介绍了动物们的娱乐活动，接近尾声时，我们不如来说一说海豚的故事吧！一部纪录片拍摄了海豚与河鲀"玩耍"的场景。当河鲀受到压力时，就会释放河鲀毒素。这是一种致命的神经毒素，但低剂量河鲀毒素仅会致幻。有研究者提出假设，海豚与这只可怜的河鲀玩耍，正是为了获得河鲀毒素。还有人在俄罗斯观察到，棕熊会嗅闻柴油及煤油的蒸气，有时还会闻得晕过去（有的棕熊十分迷恋这种味道，甚至会将油桶偷走）。

在爱丽丝的故事中，也有一个角色对某种物质上瘾，他总是拿着一杯茶，那就是疯帽子！在刘易斯·卡罗尔的年代，茶是一种很时兴的饮品。让我们一起来了解一下这种饮料吧。正如疯帽子所说："在这个故事里，一切都从茶开始！"

第 3 章　永远不会结束的茶会

"从那以后,我求他什么他都不再管了! 现在老是在六点钟。"

"所以这儿才摆放了这么多的茶具,是吗?"爱丽丝问。

"是的,是这么回事儿……老是喝茶的时间,而且根本没空儿去洗这些东西。"

遇见柴郡猫后,爱丽丝决定去拜访三月兔。她在一张大桌子旁见到了三月兔,桌上全是茶杯与茶碟。它的身边还有两名伙伴:睡鼠及疯帽子。这无疑是小说中最具代表性的段落。说起爱丽丝的故事,就不得不说到永远只能喝茶的疯帽子。我们的世界与爱丽丝的世界一样,一直是喝茶的时间,无需因此与时间置气。世界各地的人们都会喝茶,茶的饮用量排名第二,仅次于水。每天约有 15 亿杯茶被喝掉。虽然疯帽子酷爱喝茶,但最大的茶叶消费者并不是英国人,而是土耳其人及爱尔兰人。

一切要从一朵山茶花说起

红茶与绿茶是广为人知的两种茶叶,茶的种类还有许多,每个国家都有各自的茶叶加工方式。全球公认的六大茶种分别是白茶、绿茶、黄茶、乌龙茶(也称青茶)、红茶及普洱茶。欧洲人曾试图寻找两种植物:一种能被制成绿茶的植物,以及一种能被制成红茶的植物(18 世纪的植物学家林奈曾将绿茶命名为 *Thea viridis*,将红茶命名为 *Thea bohea*)。其实,不同的茶均由同一种植物制成 ,即茶树(*Camellia sinensis*)。

但请注意,不要把你家花园中的茶花叶子拿来泡水!山茶科下约有 200 种植物,只有茶树以及不那么为人所知的野生茶树——比如大理茶(*Camellia taliensis*)——才可用于制茶。你家花园里种的肯定是山茶（*Camellia japonica*）或茶梅（*Camellia sasanqua*），它们最初栽种于中国及日本，用于装饰园林。18世纪，山茶及茶梅被引入欧洲。那时，一名英国船长意图引进茶，于是想尽方法找到了山茶科植物，并带回了英国。不料这些植物开出了硕大的彩色花朵，而非茶树的白色小花！无论是有心还是无意，这名船长误将山茶带到了欧洲。不过，他的努力没有白费，欧洲人爱上了山茶花。在那时的欧洲，山茶极为罕见。第一批山茶以高价售出，堪比黄金。一股潮流就此诞生。植物猎奇者争先恐后前往亚洲，只为带回更多山茶变种。

茶树　　　　　　　　山茶

两种用途截然不同的山茶科植物

而在法国，人们认识山茶花主要是因为拿破仑一世的妻子——约瑟芬王后。她喜爱植物，在马勒梅松城堡的花园中栽种了多种山茶的变种。19 世纪，人们对山茶花的喜爱达到顶峰。这种花朵优雅动人，香气寥寥，不会困扰娇嫩的鼻子，让人们因香气过于浓郁而头疼。在那个年代，山茶花是潮流人士必不可少的装饰品，男士将其别在纽扣上，女士将它佩在上衣上或插在头发里。1848 年，亚历山大·小仲马（Alexandre Dumas. fils）出版小说《茶花女》，灵感源自他对交际花玛丽·杜普莱西（Marie Duplessis）的一腔爱意。据小说描述，杜普莱西经常戴着不同颜色的山茶花，以示她是否能与情人幽会：大部分时候是白色山茶花，每个月有几天会换成红色山茶花。这是事实还是小仲马的虚构？这部小说极为成功，山茶花一词的法语（camélia）也变为小仲马拼写的方式，而不再写作植物学中的拼写方式（Camellia，带有两个字母 l）。这两种拼法都收录于字典中，可供人们自由选择。

从植物到茶

人们将茶树带到欧洲，还要让它们在欧洲的土地上生长起来。每一种茶的制作工序都是类似的，但茶园的土壤及茶叶采摘后的处理方式有所不同，这使茶叶拥有了不同风味。

茶树的健康成长离不开充沛的雨水及合适的温度（18 至 20 摄氏度）。这种植物能生长于高海拔地区，也能抵御寒冷。

部分茶园甚至位于 2000 多米的高山上。但是，茶树不喜霜冻。若日照时间减少，茶树就会进入**休眠状态**。因此，茶叶的采摘是季节性的，根据茶树的生长状态不同而有所变化。亚洲是世界上最大的茶叶生产地区，非洲（肯尼亚是世界第四大产茶国）及南美洲（巴西、秘鲁……）也出产茶叶。离法国近一些的产茶地包括土耳其及伊朗。不过在未来，由于气候变化，这个格局很可能会发生改变。印度阿萨姆邦的气候越来越炎热干燥，干扰了茶树生长，使得茶叶生产量大幅下滑。种茶、采茶及加工茶叶的人员的生计遭受了严重冲击。希望人类能够降低对气候的影响，否则日后英国将以葡萄酒闻名，而法国将以茶闻名！

　　选择合适的土壤后，就该挑选茶树的变种了。虽然主要的茶树仅有一种（即 *Camellia sinensis*），但人们种植这种茶树已有 5000 多年的历史！因此有许多时间挑选和培育自己喜欢的变种。人们共培育出了三种变种，分别为："中国种"（*sinensis*），适应寒冷气候；"阿萨姆种"（*assamica*），于 19 世纪初发现于印度，适应热带气候；以及"柬埔寨种"（*cambodiensis*），主要用于**杂交**，来培育新的品种。这些变种可以混合配种，以获得最适合当地土壤、具有理想特质的茶树。茶树种植园被称作"茶园"，面积大小不一，可小于一公顷，也可大至数千公顷。在法国，部分茶园与葡萄酒庄一样，也拥有特殊名号，产出的茶叶独一无二，不与其他批次采摘的茶叶混合。而在其他情况下，不同茶园采摘的茶叶会被混在一起，并以该地区的名字笼统命名。工人会定期修剪茶园中的茶树，以便更适宜采摘。

茶树的叶片越嫩，它的汁液就越集中，芳香族化合物也就集中。制茶时，采摘的往往是茶树顶芽及数量不一的叶片（依茶的品质而定）。叶片越嫩，它们就越小，采摘量也就越少。平均五千克叶片才能制出一千克茶。数种采摘方式由来已久，包括"御用"采（一芽一叶）、"精细"采（一芽两叶）以及"经典"采（一芽加上至少三片嫩叶）。如今人们不太使用这些词汇，采摘方式会依据茶叶口味及市场需求有所不同。如果你哪一天碰巧参加了一场皇家盛宴，要记住，御用采在过去是中国皇帝专属的采茶方式。据记载，戴着手套的年轻姑娘会使用金剪子采下顶芽与一片嫩叶，放入金质篮子里。可真细致！茶叶的加工方式决定了茶产品的种类。不同生产地有着不一样的加工方式，若要一一列举加工步骤及不同地区的特殊加工方法，那实在是太多了。因此，我们只会挑选几种主要的进行介绍。采摘完毕，下一步骤是萎凋，也就是将刚采下来的叶子铺开来干燥，干燥时长及干燥环境根据茶叶种类的不同有所变化。

白茶仅由顶芽及嫩叶制成，有时甚至全由顶芽制成。这些顶芽上覆盖着一层细细的绒毛，看上去就像是银色的一样。白茶的制茶步骤并不多，萎凋后再进行拣选即可。在过去，仅有皇帝及达官显贵能喝上白茶。

黄茶的制茶流程与白茶一样，但多了一个加热的步骤

（即"杀青"）。加热后，人们会用纸把茶叶包起来。这个步骤能让茶叶轻微**氧化**，染上黄色。黄茶产自中国，并不常见。

红心王后想尝一尝"御用采"采出的茶，但不是所有人的要求都和她一样

绿茶与红茶的制茶步骤稍多一些。绿茶在萎凋后要进行杀青。叶片在萎凋时会氧化，而杀青能停止发酵进程。可以用大锅杀青（中国茶），也可以用蒸汽杀青（日本茶）。然后是干燥，这个过程会进行一到多次。红茶的制茶步骤与绿茶类似，但在萎凋后，叶子会被堆放在一起数个小时，进行**发酵**。接下来是杀青，以停止发酵进程。

乌龙茶是"半发酵茶",发酵程度介于绿茶及红茶之间。每家茶园都有各自偏好的发酵程度。

最后是普洱茶,制茶步骤与绿茶无异。而制作完成的茶叶会被压制为饼状储藏起来,从而发酵。有的陈年普洱茶会发酵若干年,甚至十数年。陈年普洱茶十分罕见,价值连城。

对睡鼠而言,茶饼比茶更美味!

从茶到品茶

你已经了解了茶的各种秘密,现在让我们回到爱丽丝的茶会上吧。你是否好奇,疯帽子和三月兔喝的是哪种茶?

在中国,茶被发现和利用已有 5000 多年的历史,但中国与邻国的茶叶贸易往来自 6 世纪才开始。9 世纪,茶传播至日本。16 世纪，沙漠商队将茶带到了欧洲的门户国家：俄罗斯、土耳其和埃及。17 世纪初，荷兰人用船将茶运至西欧，让西欧国家认识了这种饮品。茶的名称因运输方式的不同而有所不同，因此我们往往可以从茶的名称上知道茶是如何抵达某个国家的。如果茶是陆运进口的，该国通常会使用普通话中"茶"（cha）的衍生词来命名这种饮品，开头为"tch"或"ch"，比如俄语中的茶是 tchaï。如果茶是海运进口的，该国通常会使用"t'e"（指茶叶，来自中国东南沿海省份福建省的方言）的变体词来命名茶叶，比如法语中的 thé 以及英语中的 tea。

17 世纪中期，茶叶到达英国，收获了英国人的喜爱。自 19 世纪起，中国凭借在茶叶贸易中的垄断地位，要求别国用白银购买茶叶。于是，英国人开始组织鸦片贩卖，用印度种植的鸦片交换茶叶，但他们仍旧承担了高昂的茶叶进口费用。英国人又开始谋求在殖民地直接制茶的办法。他们在印度阿萨姆邦找到了野生茶树，自制茶有了曙光。然而，他们并未掌握制茶工艺，结果弄得一塌糊涂。于是，英国人把园艺家罗伯特·福特尼（Robert Fortune）偷偷派往中国，刺探茶叶的秘密。福特尼的间谍行动十分成功。自 1860 年起，英国人凭借印度茶叶实现自给自足，无需再进口茶叶。

刘易斯·卡罗尔 1862 年带着孩子们乘船出游时，创作出了《爱丽丝地下历险记》。因此，疯帽子与三月兔喝的茶很可能是那个年代英国人喝的茶：产于印度的红茶。

茶对世界的影响不仅于此。举个例子，英国殖民地的茶税引发了著名的波士顿倾茶事件。1773 年 12 月 16 日,面对东印度公司征收的高额茶税,波士顿人民将大批茶叶倒入海中,点燃了美国的革命之火。再举一个例子。前往欧洲的商船内,除了茶叶,还有来自中国的玫瑰花——"茶香月季"。可能因为它们天生带有茶香,也可能因为它们被摆放在茶叶旁,沾染了茶的香气。茶香月季为欧洲玫瑰的进化做出了极大贡献,让欧洲本土玫瑰不仅拥有了新的颜色,还能**一年多次开花**。英式花园中的茶会如果没有芳香扑鼻的美丽玫瑰做伴,又怎能算茶会呢?

与生物学家一起读《爱丽丝梦游仙境》

第4章 会说话的花

"嗨,你瞧,小姐,事实上这里本该有一棵红玫瑰树,可我们错种了一棵白色的;你知道,这要是被王后发现了,我们全都得砍头。"

偏爱红玫瑰的王后

爱丽丝终于用小小的金钥匙打开门，来到了红心王后的花园中，花园入口处有一株高大的玫瑰树。如今，玫瑰享有"花中王后"的美誉，在人们的花园中很常见，但在过去并非如此。在欧洲古典时期，玫瑰花极受青睐（尤其受到古埃及人与古罗马人的喜欢）。但随着罗马帝国的没落，玫瑰在西方失去了地位，多被作为芳香植物及药用植物种植。一直到19世纪，玫瑰仍未能讨得大众的欢心。那时受欢迎的是球茎植物，比如郁金香（17世纪发生了历史记载上首次投机泡沫事件，主角正是郁金香。在郁金香狂热期间，一颗"永远的奥古斯都"的郁金香球茎卖出了与数栋房子售价相当的价格）。不过，玫瑰依然受到艺术家的垂青，同时它还是一种特殊象征。基督教徒将白玫瑰据为己有，使之成为圣母玛利亚的花朵，象征

引发"郁金香狂热"的"永远的奥古斯都"。郁金香热潮于1637年终结

纯洁的爱情。玫瑰也是王室的象征。15世纪，英国两大家族针锋相对：兰开斯特家族的家徽是红玫瑰，约克家族的则是白玫瑰。两个家族之间的交锋被称作"玫瑰战争"，最后因亨利·都铎的掌权而落下帷幕。亨利·都铎的徽章将红玫瑰与白玫瑰结合在一起，象征两大家族的联合。

随着贸易通路的开放，新品种玫瑰自亚洲来到欧洲。越来越多的园艺师开始对花朵进行杂交培育。人们对玫瑰的热情也逐渐萌芽，并于19世纪灿烂绽放。法国的约瑟芬王后（是的，又是她）或许可以称为玫瑰的代言人。据说，马勒梅松城堡的花园里种植着上百种玫瑰及玫瑰变种。也正是在这个世纪，玫瑰育种行业开始发展，现代玫瑰诞生。

野生玫瑰与人工栽培玫瑰

如今的玫瑰有超过40000个变种，均由生长在北半球的野生玫瑰繁衍而来。蔷薇科下约有150种植物（主要为水果植物，比如苹果树、梨树、樱桃树、扁桃、草莓及覆盆子）。蔷薇属（*Rosa*）的植物是单瓣花，拥有4片至8片花瓣，花茎带刺。在法语中，花刺常以"épine"（指与植物一体的刺，一般分不开）指代，但其实在植物学中应称为"aiguillon"（指附着在树皮上的刺）。前一种刺其实是形态发生了变化的器官，含有传导植物汁液的管道。若要去除这种刺，必定会令植物受伤（比如仙人掌及荆豆属植物的刺）。后一种刺则是植物**表**

皮上的突起,可以在不撕裂植物纤维的情况下去除这种刺,只会留下一道小小的伤疤(比如玫瑰及蓟属植物的刺)。

欧洲古典时期,玫瑰在东西方均有栽种。自那个时代起,最早的玫瑰选育便已开始。植物开花后会结出果实,果实中带有种子,种子可能是同一个体自交得来,或是两株同种植物交配得来。新一代植物可能与上一代植物类似,也可能呈现出不一样的特征(比如花瓣数量多了一倍)。若植物混合了父株及母株的特征,或是发生了**突变**,就会出现上述第二种情况。园丁们把心仪的变异植物保留下来,如此便培育出了最早的玫瑰变种。

起初,杂交是通过花粉传播随机实现的,主要依靠昆虫或风。为了创造新的杂交组合,园丁们修建了大型苗圃,栽种了多种玫瑰,再从中挑选出心仪的变种。自19世纪中期开始,为了控制玫瑰繁育,玫瑰种植者会人为地将某一朵花的花粉传送到另一朵花上。于是,种植者成为配种者。他们会把拥有所需特征的植物杂交,有计划地培育出多个变种。

古典玫瑰与现代玫瑰

玫瑰变种许许多多,要厘清头绪并不容易。因此,人们按照园艺标准对玫瑰变种进行了分类。当新种玫瑰出现时,人们便依据其产地及门类将其归类。同一类别中的玫瑰具有相同特征,尤其在花形大小及养护方式上。所有类别的玫瑰又可分为两大类：古典玫瑰及现代玫瑰。

古典玫瑰指由 20 世纪以前的玫瑰变种（主要栽种于欧洲古典时期，那时的人栽种玫瑰多是为了赏闻芳香）培育而来的玫瑰，包括法国蔷薇、百叶蔷薇、毛萼洋蔷薇、突厥蔷薇、白蔷薇、波旁玫瑰、诺伊塞特玫瑰、茶香月季等。现代玫瑰惯指在"法兰西"之后出现的玫瑰。1867 年，人们在里昂培育出了名为"法兰西"的玫瑰。这是一种杂交茶香月季，是茶香月季与一年多次开花的杂交玫瑰杂交的产物。杂交茶香月季是 20 世纪最普遍的玫瑰种类之一。这种玫瑰虽然香气清

淡,但花瓣挺立,持续开花,且颜色多样,只缺少蓝色品种。因为这种玫瑰花不具备合成飞燕草素相关的基因,飞燕草素正是让花瓣呈现蓝色的色素。随着遗传学的进步,2004 年,人们培育出了一种能够合成飞燕草素的转基因玫瑰。不过,它的蓝色更偏紫色,因为花瓣的酸碱值偏酸。目前,科学家正试图改变花瓣的酸碱值,但这恐怕没有那么容易,因为酸碱值的变动可能会影响植物的新陈代谢。

将玫瑰涂成红色

遇见红心王后之前,爱丽丝还遇见了 3 个园丁。他们害怕掉脑袋,正忙着将白玫瑰涂成红色。正如前文所说,同种植物会开出不同颜色的花朵,这是怎么回事呢?

影响植物颜色的主要因素是植物细胞中的色素。这些色素会吸收特定**波长**的光,并反射另一些波长的光。被反射的光在我们看来就是颜色。这种类型的颜色被称作"色素色"。太阳光涵盖了几乎所有波长的可见光。如果色素反射了所有波长的光,则植物呈白色;相反,如果色素吸收了所有波长的光,则植物呈黑色。植物叶绿体(使光合作用成为可能的细胞器)所含的色素(叶绿素 a、叶绿素 b 及类胡萝卜素)吸收的主要是蓝光及红光,因此植物在我们看来是绿色的。如果仅使用蓝光或红光去照射这样的一株植物,它看上去就会是黑色的,因为没有绿光可供反射!

与生物学家一起读《爱丽丝梦游仙境》

日光   黑色的光（紫外光）

自然光照射下的花朵以及紫外光照射下的花朵。昆虫能看见花瓣上的
"斑点"，并在这些斑点的引导下觅得花蜜

　　花瓣细胞中的色素主要可分为三类：类胡萝卜素、黄酮
类化合物及甜菜色素。正是这三大类色素调制出了我们平
日所见的各种颜色。类胡萝卜素让植物呈现黄色及橙色，花
青素（黄酮类化合物的一种）让植物呈现红色及紫色，甜菜色
素让植物呈现红色、黄色及紫色。部分色素还能吸收辐射
光，以防止植物的其他组织受到伤害，从而起到保护作用。
在大自然中，颜色极深的红花或紫花可能存在，却没有真正
的黑花，因为总有一部分光会被反射。

　　植物的微观结构会与光相互作用，这也会影响植物的颜

色:部分波长的光被反射,另一部分波长的光被吸收或折射,这些变化都可能导致光的色散。色散后,由于各个波长的光再次传播时,方向无法完全一致,因此如果从不同角度观察,你就能看见不同的颜色。这种类型的颜色被称作"结构色"。科学家在动物身上对结构色进行了大量研究,比如部分金龟子有虹彩外壳;闪蝶属(*Morpho*)的部分蝴蝶有蓝色的翅膀(它们的翅膀在人类眼中看来是蓝色的,但其实不含任何蓝色色素);部分花朵也会呈现出虹彩色,比如郁金香(*Tulipa sp.*)、野西瓜苗(*Hibiscus trionum*)以及黄花门采丽(*Mentzelia lindleyi*)。

花的颜色也可能与病毒有关,比如郁金香碎色病毒会改变花青素的数量,使花被(花瓣与萼片)显现出斑纹。花的颜色也由土壤的酸碱度决定,绣球花(*Hydrangea macrophylla*及*H. serrata*)就是一个著名的例子。栽种在酸性土壤中的绣球花是蓝色的,而碱性土壤中的绣球花则是粉色的。土壤的酸碱度取决于铝离子的数量。有的花朵在生命周期中会变换颜色,比如紫草科下的红花琉璃草(*Cynoglossum officinale*)、蓝蓟(*Echium vulgare*)以及疗肺草(*Pulmonaria officinalis*)。这些植物的花朵起初是玫瑰红色的,细胞酸碱值发生变化后,花朵就会变成蓝色。这是因为花青素会根据细胞酸碱值的不同,使花朵染上不同颜色:细胞呈酸性时,则花呈现粉红色;细胞呈碱性时,则花呈现蓝色;碱性增强后,则花呈现绿色。你可以在家使用含有花青素的蔬菜(比如紫甘蓝)来做一个实验。你只需将少许柠檬汁或醋倒入紫甘蓝汁中,就能看到它呈现出十分美丽的粉红色。接下来再加入碳酸氢钠,液体将变为紫色。若添加剂量大,液体还会转为蓝色(把碳酸氢盐和醋混合在一起,能制出许多泡沫,大人小孩都能开心玩耍)。

然而,这些缤纷色彩不是让我们欣赏的,也不是为了吸引爱丽丝到花园中漫步的。对植物而言,花朵有一个十分明确的作用。

花是什么?

17 世纪末,人们发现植物也有雌雄之分。我们拿起一朵普通的花,由外向内解开它的结构。首先看见的是萼片(所有萼片统称为花萼)。萼片大多是绿色的,负责在植物开花前为它蒙上一层面纱;接下来是花瓣(所有花瓣统称为花冠),它们是花朵的诱饵之一,负责引诱将在下文中出现的传粉者。一朵花如果是双性花,则它的花瓣里既有雄性生殖器官(雄蕊群),也有雌性生殖器官(雌蕊)。雄蕊群由一个或多个雄蕊组成,雄蕊顶端为花药。花粉在花药中形成,带有雄配子。雌蕊由一个或多个心皮构成,心皮底部是子房,子房中带有雌配子。以上是一般情况,而现实中存在着各种各样的花。比如部分仙人掌的萼片与花瓣长得很像,令我们难以分辨开来,它们被称作“花被片”。禾本科植物既没有萼片,也没有花瓣。而对九重葛及一品红来说，人们以为的花瓣其实是它们彩色的苞片（位于花朵基部的叶子）。

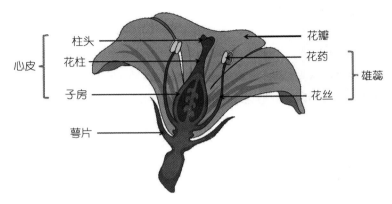

花朵的形态结构

不是所有的花都是双性花，比如桤木、桦树及玉米的部分花朵仅有雄性生殖器官或雌性生殖器官。有的花朵在生命周期中会改变性别，先是雄性，然后变为雌性；或先是雌性，然后变为雄性。有的植物完全是单性别的，比如荨麻及啤酒花，它们的花全是雄性或全是雌性。这些植物被称作"雌雄异株"。各种情况皆有可能。百里香可能是雌雄同株，也可能全是雌花。而狭叶总序桂树则正相反。番木瓜树涵盖了各种情况：有的个体的花朵全为双性花，有的个体仅有雄花，有的个体仅有雌花，还有的个体既有单性花也有双性花。而且，情况还会随着时间而改变，问题变得更复杂了！但无论如何，若要繁殖，必须有同种植物的花粉粒落在柱头上。花朵受精后,子房会发育为含有种子的果实。

花的形态与传粉方式有关。依靠风力传粉的植物花朵较小,颜色单一,会产出大量花粉。而依靠动物传粉的植物则相反,它们要么有艳丽无比的硕大的花朵,要么香气浓郁,只有这样才能脱颖而出。在这里,我们特意使用了"动物"这个统称。说到传粉,我们往往会想到昆虫。但其实,其他生物也能为植物传粉,比如蝙蝠、鸟类、松鼠、有袋动物等。就连蜥蜴、部分软体动物及人类(比如为香子兰传粉)也能充当传粉者。植物需要最诱人的门面来吸引动物为其传粉,并奉上甜蜜的馈赠——花蜜。不过,除了食物,植物还有其他方式来引诱动物。有一种叫做"蜂兰"的兰花,它们会假装成孤独的雌性蜜蜂。落入圈套的雄性蜜蜂尝试与美丽花朵交配无果后,只能悻悻离开,但此时它们身上已覆满花粉。

花的颜色在传粉过程中也有作用。书中的玫瑰花也对爱丽丝提到了这一点:"你的颜色很正常,这一点大有用处。"每个传粉者都有各自偏好的颜色:昆虫看不见红色,但红色吸引鸟类的效果尤其突出。为了吸引六足昆虫,花朵在紫外线下会发光(人眼看不见这个波长的光,但昆虫看得很清楚),还会显出印记,引导传粉者前往花蜜之源。对昆虫而言,花的颜色变了,这也是一则信息。比如欧洲七叶树的花有黄色的花心。传粉完成后,花心会变成红色的,这对昆虫的吸引力便下降了。

花朵有时会聚集在一起,组成花序,令人误以为它们是一朵硕大而显眼的花,比如翠雀属的花及风信子。有的花序会让人们以为,花茎上只有一朵花,比如雏菊与滨菊。是的,你没有看错!我们所说的一朵"雏菊"实际上是由许多小花组成的。中间的小花是黄色的,呈管状,带有多个雄蕊和一个雌蕊;四周的小花是白色的,呈片状,为不孕花,有的时候全为雌花。蒲公英及苜蓿也如此。我们认为的蒲公英或苜蓿的"花瓣",实际上是一朵朵小花。等你下次外出散步时,去近距离地观察一下这些植物吧!

花的大小、颜色、形状、香气等特征均是演化的结果。演化进程自大约 1.35 亿年前、第一株开花植物出现时便开始了。有的花有大量动物帮忙传粉,有的花则比较专一,与传粉者形成了协同进化的关系。不过,植物与传粉者间的故事并不总如田园牧歌般单纯美好。对植物而言,生产花蜜成本极高,最优的策略是:让动物传播尽可能多的花粉,同时摄入尽可能少的花蜜。对动物而言则恰恰相反,它们感兴趣的正是植物馈赠的食物。双方目标截然不同,有时甚至会引发一场不折不扣的军备竞赛。

第 **5** 章　为了留在原地而拼命奔跑

　　这件事情的最最奇怪之处是：她们四周的树木，以及其他的东西，竟然一点儿都没有改变它们的位置；不论她们奔跑得多么快，她们看来决没有跑过任何东西。

要写一本关于爱丽丝的科普书，不可能不提到红王后假说。这个概念因《爱丽丝镜中奇遇记》的一个段落得名。爱丽丝遇见了蔷薇后，又认识了红王后。红王后带着爱丽丝疯狂奔跑，还不断要求她跑得再快一点。最后爱丽丝发现，她们根本没有前进半分。红王后说："……在这里，要想停留在原地的话，就得用出你全部力量拼命跑。"1973年，美国科学家利·范瓦伦（Leigh van Valen）借用这一段落阐明了关于物种灭绝的定律。范瓦伦发现，在历史长河中，除了大规模的灭绝事件以外，物种的灭绝概率是相对稳定的。因此，正如爱丽丝与红王后需要不断奔跑才能留在原地一样，物种也需要快速地变换生活习性，才能应对捕食者、病原体、寄生虫等对手。在一个不断变化的环境中，原地不动，便会灭亡。在大自然里，名副其实的军备竞赛不时上演着。

但这并不意味着，动植物某天醒来后，会突然决定改变生活习性或形态特征。改变是需要时间的。因受精过程及发育过程的随机性，个体会遗传某些特征：有益的、中性的、有害的。这些特征会影响个体的生存概率，以及它是否能在特定环境中留下后代。若特征是有益的，则这个个体相较于同种的其他个体将有更大的机会留下后代，并将自身特征传给后代。在一代代的繁衍中，若优势得以维持，那么越来越多的个体将会显现出此类特征。物种的**基因遗产**将因此改变。个体的生活习性也会进化。若某个新行为能带来益处，比如使用工具获得食物，则这个行为很可能被传给后代及群体中的其他个体。种群,甚至整个物种(在部分情况下)的行为都会因此改变。

让我们回到红王后身上吧!她在一个会移动的环境中疯狂奔跑。对相互依存的物种而言,若其中的某一物种想出了新的策略,其他物种则需要依据这个策略做出改变,不然就会"停留在原地",走向灭绝。比如说,某种猎物因自然选择,跑得更快了,那么只有那些跑得足够快的捕食者和改变了饮食习惯的捕食者才能存活下来。以该理论为基础,达尔文做了一个预测,这个预测直到40年后才被证实!

兰花与飞蛾

两个有机体会相互竞争,著名的例子有许多,比如达尔文兰花,也被称作大彗星兰(*Angraecum sesquipedale*)。这是一种**附生兰花**,如它的法语名称"马达加斯加之星"所示,原产于马达加斯加。白色的花朵就像星星一样,好不美丽。花朵底部是硕大的**花距**,长25厘米至30厘米,盛满了花蜜。

达尔文在1862年的著作《不列颠与外国兰花经由昆虫授粉的各种手段》(*On the Various Contrivances by Which British and Foreign Orchids are Fertilised by Insects*)中提到了这种兰花。有人从马达加斯加给达尔文寄去了大彗星兰标本,他惊讶地发现,这种兰花的花距竟然那么长。达尔文根据岛上已知的昆虫及它们的饮食习惯做出预测:岛上应该有一种飞蛾，口器至少长 25 厘米，只有这样才能为这种植物传粉。达尔文的理由很简单：花朵产生花蜜是为了吸引传粉者。传粉者食用花蜜时会沾上花粉，并将花粉传授给另一朵花。对花而言呢，生产花蜜需要耗费许多精力，传粉者吃的越少越好。如果花蜜易于摄取，传粉者就不会在获取食物上花这么大力气了。

回到我们的兰花和飞蛾上吧！如果兰花花距比飞蛾口器短许多，飞蛾即使不接触兰花，也能轻松摄取花蜜，身上不会沾满花粉，自然也无法传播花粉。那么花朵就没法受精，也不会结出种子。在这种情况下，兰花的繁衍能力大大下降，很可能会走向灭绝。相反，如果花距比飞蛾口器略长一些，飞蛾就无法轻易获取花蜜，只能靠近花朵。如此一来，兰花无需产出太多花蜜就能完成传粉，就可以把更多精力用于结出种子或对抗病原体。这种特征对植物而言是有益的，自然会在种群中传播开来。

从飞蛾的角度来看也是一样的！口器较长的飞蛾能更轻松地填饱肚子，就有更多的精力用于繁殖，因此这个特征也会在种群中传播开来。这个时候，著名的军备竞赛拉开帷幕：花距更长的兰花能更好地生存，而口器更长的飞蛾又会被大自然选择。基因突变具有随机性，因此飞蛾有着大小不一的口器。但是，大花距的兰花筛选出了长口器的飞蛾！

其他因素也会施加影响：若新的特征在其他方面阻碍了生物生存，就不会被保留下来。举个例子，如果极长的口器能让飞蛾更好地觅食，却会让它们在飞行时失去平衡，或无法逃脱捕食者的追捕，那么这个特征就妨碍了生物繁衍，不一定会被选择。花距极长的兰花难以吸引传粉者光顾，结出种子的数量就会下降。因而在这个问题上，需将物种的生存条件及自然环境同时纳入考量。

达尔文预测岛上生活着一种口器至少长 25 厘米的飞蛾，遭到了反对者们的嘲笑，但他的同事兼好友阿尔弗雷德·华莱士（自然选择学说的共同发现者）为他做了辩护。1867年，华莱士根据非洲已知的飞蛾种类，预测马岛长喙天蛾（*Xanthopan morgani*）可能就是为大彗星兰传粉的神秘昆虫。1903 年，人们在马达加斯加岛上发现了拥有这种特征的飞蛾，证实了达尔文与华莱士的假设。这种飞蛾亚种被命名为 *Xanthopan morgani praedicta*，以此来纪念华莱士。1992年，人们在岛上又发现了一种花距近 40 厘米的白色兰花，并将其命名为长距风兰（*Angraecum longicalcar*）。亲爱的探险家，无论你初出茅庐还是经验丰富，都请注意了：这种兰花的传粉者还未被发现！ 当然前提是，它们的传粉者真的存在。研究者乔治·W. 贝卡罗尼（George W. Beccaloni）在 2017年的一篇文章中表示，还未被发现的比马岛长喙天蛾体形更大的飞蛾，所以这种兰花的传粉者存在的可能性微乎其微。一种可能的解释是，这种兰花在模仿大彗星兰，因此是由同一种飞蛾传粉的（虽然飞蛾无法获取花蜜）。还有一种可能是，这种兰花会自花授粉。一切都还是个谜！

托马斯·伍德(Thomas Wood)据华莱士描述所绘
制的大彗星兰传粉者(1867)

舌尖上的花蜜

除了天蛾科昆虫,其他昆虫也拥有长得惊人的器官,以
便吸食花蜜。比如在南非德拉肯斯山脉地区,有一种名叫
Zaluzianskya microsiphon 的玄参科植物,它们的花朵仅由

与生物学家一起读《爱丽丝梦游仙境》

名为 *Prosoeca ganglbaueri* 的长舌蝇进行传粉。这种苍蝇的口器长度大约是身长的两倍。

这种现象并不仅仅发生在昆虫身上。刀嘴蜂鸟（*Ensifera ensifera*）的喙部长达 10 厘米，而它们的身长（算上尾巴）仅有 14 厘米！它们能将极长的喙部与舌头伸入长长的花冠中，吸食其他种类蜂鸟无法吸到的花蜜。有一种美丽的粉色西番莲（*Passiflora mixta*），花冠大小与刀嘴蜂鸟的喙部大小正合适。刀嘴蜂鸟是这种花朵的唯一传粉者。还有一种蝙蝠，专门在管状的幽深花冠中寻觅花蜜。欧洲的蝙蝠以昆虫为食（包括蚊子。从人类角度来说，这是极好的），而有的蝙蝠会食用花蜜、花粉或果实。这种特别的蝙蝠生活在厄瓜多尔云雾缭绕的森林中。2005 年，内森·穆恰哈拉（Nathan Muchhala）及同事发现并描述了这种动物，将它们命名为管唇花蜜蝙蝠（*Anoura fistulata*，第二个词源自拉丁语 *fistula* 一词，是"管子"的意思），因为它们的下嘴唇形似管子。管唇花蜜蝙蝠的特征是舌头长达 8.5 厘米，是身长的 1.5 倍之多！它们的舌头甚至无法装进嘴巴里，而是装在一个特殊腔体中。这个特殊腔体深至胸腔，位于心脏及胸骨之间。凭借着长长的舌头，管唇花蜜蝙蝠成为了开淡绿色花朵的长管花（*Centropogon nigricans*）的唯一传粉者，这种花的花距长达 8 厘米左右。

植物与传粉者相互适应的现象十分迷人，但这种平衡关系也很脆弱。若一方消失了，另一方也会面临灭绝的风险。

正如达尔文在谈论大彗星兰时所说的，"如果马达加斯加的这种大型飞蛾灭绝了，那么可以肯定的是，大彗星兰（*Angraecum*）也会灭绝。从另一个角度来说……大彗星兰的灭绝对这些飞蛾而言或许也是灭顶之灾。"无论直接影响（比如使用杀虫剂或除草剂直接摧毁某种物种），还是间接影响（气候变化），我们对环境的影响都会迅速颠覆这种平衡关系。我们时常会忘记，针对某种物种采取措施，实际上会波及这个物种所属的整个生态系统。自然环境已经千疮百孔，我们在对环境采取任何行动之前都应三思，否则可能会导致难以预料的灾难性后果！

红王后定律不止与花有关

军备竞赛不仅发生在花朵及其传粉者之间，也发生在生物界的其他领域，比如繁衍与性特征、生物个体与**病原体**间的相互作用。在这些方面，战火熊熊燃烧！

继续聊一聊与繁衍相关的话题吧，但扩大一下讨论范围：有性繁殖的出现及延续（即使成本高昂）。实际上，进行有性繁殖的雌性仅能将一半基因遗产传给下一代（另一半来自雄性）。而单性生殖（也就是能够自我克隆）的雌性却能在耗费同等精力的情况下，将完整的遗传基因传给后代。能够自我克隆的物种的后代自然也拥有这种能力。而有性繁殖需要两个个体才能繁衍出下一代。寻找合作伙伴并不容易，

　　　　　　　　　　与生物学家一起读《爱丽丝梦游仙境》

费时又费力。此外，个体很可能会在交配过程中受伤、生病，或感染寄生虫，更别提有的雄性正兴致勃勃时就被生吞活剥了。

那么为什么有性繁殖在生物群体中如此兴盛呢？人们援引红王后假说，经常就是为了回答这个问题，阐明有性繁殖的益处：帮助个体对抗病原体及寄生虫。通常而言，寄生虫的繁殖速度较宿主更快，如此便能快速选择适应一代宿主的个体。而有性繁殖能将父体与母体的基因混合在一起，产出前所未见的新组合，阻止寄生虫适应下一代宿主。人们观察了部分既能有性繁殖又能无性繁殖的物种，比如生活在淡水中的新西兰泥螺（*Potamopyrgus antipodarum*），以及蓑蛾科的部分昆虫。观察发现，当寄生虫病害频繁发生时，有性繁殖更受青睐。但这种情况并不适用于所有使用这两种繁殖方式的物种！有性繁殖为什么一直为生物所用，这仍是一个未解之谜，或许会受到多种因素的联合影响。

在生物学领域，人们时常援引红王后的隐喻，甚至还以白棋王后的隐喻来进行补充，以解释有机体的多样性［详见埃里克·米拉耶（Eric Muraille）的文章，2018］。红王后定律十分流行，甚至走出了生物学领域，被应用于其他领域。比如，有的公司会使用这个定律来解释，为什么需要不断创新才能在市场上保有竞争力。若想成为行业领头羊，还得听取红王后的建议："要想到别的什么地方去的话，你必须像那样跑得至少是加倍地快！"

后记 现在，我们该做些什么？

　　我们发现，虽然爱丽丝对冒险旅途中的一切都很好奇，但她与每种生物的关系并不一样。虽然死去的小牡蛎令她动容，但那些与爱丽丝在现实世界中遇到的动物相似的生物，似乎更能让她有所触动，比如森林中没有名字的可爱小鹿、仙境中的巨型小狗以及柴郡猫。柴郡猫的一举一动会令爱丽丝想起自己的小猫。

　　不幸的是，我们和大自然的关系同爱丽丝和这些生物的关系很类似。我们对美的、可爱的事物的认知，会极大地影响我们对身边物种的同理心。我们更倾向于保护我们认为美丽的物种。研究表明，受到人类青睐的动物，尤其是生活在动物园中的动物，它们受人喜欢的主要是因为长得好看。但话说回来，这些受欢迎的动物知名度高，有利于筹集款项，用于保护它们的生存环境，因此也顺带保护了其他生活在当地的不那么知名的动物与植物。这些"扛大旗的物种"，比如大熊猫（*Ailuropoda melanoleuca*）、孟加拉虎（*Panthera tigris tigris*）以及金狮面狨（*Leontopithecus rosalia*），以它们各自的方式保护了自己的生存环境。喜欢上一只可爱的小猫咪或一匹温柔的小马，这很简单，但也不要忘记鼹鼠宝宝、蝾螈宝宝以及蜘蛛宝宝（蜘蛛宝宝也有可爱的一面。而且在它们的生态环境中，蜘蛛可是很有用的）。这是人类的偏见之一：我们的注意力会被与我们相像的东西所吸引（无法逃脱的拟人主义）。如果说，对人类而言不那么可爱迷人的动物——比如鱼类、昆虫、两栖动物等——往往会遭到忽视，那么可以想象一下，有多少植物是我们完全不曾注意过的！你知道人行道上长着多少可食用或可药用的植物吗？即使我们会忽视它们，但日常生活里多种多样的生物都有着各自的特殊之处与超能力，值得我们关注！

在今天这个紧密相连的世界里，我们却与自然环境越来越疏远了，这令人唏嘘。有的时候，我们与大自然的唯一连接就是餐盘中的食物（然而，仍有越来越多的孩子不知道牛奶是从哪里来的，西红柿是怎么长出来的）。科学研究表明，"到户外去享受自然"有益于身心健康。这将促使我们保护环境。鉴于目前的生态状况，环保问题不容忽视。若不保护环境，那就是人类的过错了！

但是，我们要如何才能与周围的自然世界重新建立连接呢？你和你身边的人是否在屏幕前花费了过多时间，而你想把他们从屏幕前拉走？方法是有的！一个很简单的方法就是到户外去，动动鼻子，睁开眼睛。到野外漫步确实是理想的选择，但城市中也有不少可以游览的地方！而且这也是为了你自己好！研究表明，改变视角，对周围生灵抱有同理心，这么做便能轻松地改变行为方式。在第一卷书的结尾，我们也能读到，爱丽丝对待假海龟更细心了。与动物聊天时，为了不伤害对方感情，爱丽丝会避免提到她吃过龙虾和鱼的事情。如果想进一步了解自然环境，自然协会与自然历史博物馆时常会举办主题活动或自然探索之旅（你家附近肯定也有类似活动）。你知道公民科学吗？通过这类项目，你可以选择一个研究主题：蜥蜴、蝙蝠、萤火虫、街道植物、传粉昆虫、北美红雀等，为科学研究作出贡献的同时进行学习。总有你感兴趣的主题！观察、归档、调研……科学家需要你！你还可以在 Vigie-Nature 网站上查阅更多资料。如果你是植物爱好者，可以上 Tela Botanica 网站看一看（这个网站还提供线上课程，带领你探索植物学）。无须求学五年，就能参加！所有人都能出一份力，有的项目甚至是专为青少年开设的。

我们的旅程到这里就告一段落了。希望这本书让你了解了新的东西，激发了你探索世界的欲望。如果这本书还唤起了你保护地球的想法，那我们会非常开心的！改变习惯听起来很困难、很复杂，但是，每一个小举动都是有用的！起初或许你会觉得难以办到，可以先从简单的做起（不用私家车去某些特定的地方，避免使用部分包装，优先选择本土食品等）。觉得得心应手时，就再找第二件事情开始做吧。然后重复这个步骤……市面上有大量书籍及网站可以为你提供灵感。世界野生生物基金会的应用"为善行动"（We Act for

Good）也非常有用。疫情期间，我们看到了人类都被封锁在家时的地球的模样。现在行动起来还不算晚。从现在开始减少对环境的影响，大自然还能回到原本的样子，找回属于它的位置。被人类摧毁的地区正是如此，比如切尔诺贝利及福岛，那里重新住满了动物与植物。不管有没有人类，生命永不停止（《侏罗纪公园》中的马尔科姆教授就是这么说的）。近年来，地球经历了酷暑以及与气候变化相关的极端天气事件，同时还有动物引发的传染病疫情。如果我们希望舒适地、可持续地居住在这颗星球上，那就必须照顾好它。与我们一同生活的物种是如此多姿多彩，令人惊喜。若没有了它们，那该是多么伤心的一件事情。

　　最后我想说，我们不也生活在仙境中吗？

术　语　表

半变态：半变态动物在幼虫阶段及成虫阶段生活在不同环境中，比如蜻蜓若虫生活在水里，而成虫能够飞翔，生活在空中。

抱对：有尾目动物及无尾目动物交配时采取的姿势。雄性会用前肢牢牢地抓住雌性，从而直接授精。

变温动物：变温动物依赖外界温度调节自身体温，过去曾被称作"冷血动物"，比如蛇及其他爬行动物。当外界温度过低时，它们便无法活动了。

表皮：在植物学中，表皮指一层薄薄的覆盖组织，能对植物裸露在空气中的未成熟部分起到保护作用。

病原体：会使其他物种生病或引发病变的有机体。

波：波是介质的物理状态的变化（介质因局部动作而发生了有限速度的传播）。光波是电磁状态的变化：在时间与空间中，电磁状态在高值（波峰）及低值（波谷）间周期性地重复变化。

波长：两个波峰之间的距离。对于光波而言，波长介于

380 至 780 纳米之间的是可见光,在人眼中会形成颜色。部分动物,比如昆虫、鸟类及鱼类,它们的眼睛对近紫外线(波长约为 200 至 380 纳米)较为敏感,可以看到人类看不见的颜色。所有波长的波统称为"电磁波谱"。

不完全变态:不完全变态动物在由幼虫成长为成虫的过程中,会经历连续蜕皮。最后一次蜕皮称作"羽化",羽化后的昆虫便达到了发育的最后阶段。不完全变态昆虫包括蝉、蟋蟀、蝗虫、螽斯、白蚁及蟑螂。

成虫:昆虫最终的成年形态,比如毛毛虫的成虫是蝴蝶与飞蛾。

诚实信号:诚实信号是无法伪造的信息,适用于不同情况。接收者能够通过诚实信号来评估发送者。在繁殖情况下,雌性会根据特定的诚实信号来判断并选择伴侣。雄鹿发情时的嚎叫声就是一个很好的例子。通过嚎叫声,雌鹿及周围的雄鹿能对叫声发出者做出精准判断:身高、体重、身材等。所有听到嚎叫声的鹿,无论雌雄,都能依此采取相应行动:去会会它或是躲开它。

刺胞动物门:包括海葵、水母及珊瑚在内的水生动物。

单壳类:贝壳为单一结构的无脊椎动物,比如蜗牛及厚壳玉黍螺。

蛋白质:有机体内确保多项功能正常运转的分子。蛋白质的作用可能是结构性的(比如构成我们的指甲及头发的角蛋白),可能是作为酶(比如复制 DNA 的 DNA 聚合酶),也可能是作为激素（比如肾上腺素。这种激素会为身体传递信息，好让身体对压力作出反应），还有可能起到类似发动机的作用（比如肌球蛋白使肌肉收缩成为可能）。蛋白质由氨基酸链构成，会因环境的不同（比如高温）而改变形态（卷起或伸展）。

冬眠：进入冬眠状态后，动物的生理机能会放缓，以便保存体力过冬。睡鼠、旱獭及部分种类的蝙蝠在冬眠期间是完全不活动的。而熊的冬眠不一样，它们会间歇性地活动，且生理机能放缓的程度也较低。

动物品种：一个物种下的亚群，经由人工选择，使部分特征可遗传至后代。

发酵：对于茶而言，发酵就是茶叶分子在无氧（厌氧）环境中受微生物的作用所发生的转化。

繁殖期的雄鲑鱼：野生鲑鱼的发育阶段，指在繁殖季节回到出生河流的雄性鲑鱼。它们会变换颜色，嘴部长出尖钩，这也是它们的名字的由来[1]。

附生体：以其他植物作支撑物、生长在其他植物上的有机体（植物、真菌或藻类）。

光合作用：使用光能、二氧化碳及水合成有机物（最常见的形式为碳水化合物）的一系列化学反应的统称。

恒温动物：不依赖外界温度调节体温的动物，比如哺乳

---

[1] 繁殖期的雄鲑鱼法语名为 bécard，在法语中，bec 指嘴部。——译者注

动物及鸟类。

胡格诺派：1685 年《南特敕令》废除后流亡海外的法国新教徒。

花距：在植物学中，一般指花的一个长管状结构，底部密闭，大多装有花蜜。

基因：遗传信息的基本单位，由特定的核苷酸（DNA，对于部分病毒而言是 RNA）序列构成。

基因遗产：个体（或延伸至物种）所拥有的不同版本的基因的统称。

渐变态：渐变态动物在幼虫阶段与成虫阶段生活在相同环境中，比如绿螽斯及蟑螂。

交配：两个个体自发地或诱发地进行的交合行为。

精子囊：雄性在繁殖时托付给雌性的装着精子的囊袋。部分雄性赠予精子囊时，还会附上食物作为礼物。多种昆虫、蜘蛛、甲壳动物及两栖动物在繁殖时都会使用精子囊。

菌丝体：菌类的营养器官，由长长的细丝——"菌丝"构成。

两性异形：指同一物种的雄性与雌性呈现出显著的形态差异。雄鹿有角，而雌鹿没有，这就是一个很好的例子。颜色差异（在鸟类身上十分常见，比如绿头鸭）及体形差异（比如生活在深海中的钓鮟鱇，雄性形态与雌性差异巨大，且较雌性小得多）也属于两性异形现象。

卵黄囊：胚胎的食物储备室。部分动物在刚孵化时也长有卵黄囊,比如鱼类。

膜厣:蜗牛壳上的临时门,由干了的黏液制成。膜厣可以保持水分,避免壳中变得干燥。

拟人主义:将人类的体格特征及行为特点(外貌、情绪等)投射在无生命物体或非人类动物身上。为犬类的微笑(实际含义是威胁)及人类的微笑(实际含义是表达友善)赋予相同意义,这会引发误解,令人遗憾。

拟态:指动物模仿另一种动物的外观、行为,或是模仿周遭的环境。部分螳螂及蜘蛛会模仿花朵的样子,潜伏着等待猎物。竹节虫会变成树枝或树叶的模样,以逃过捕食者的双眼。部分无害生物(比如奶蛇)会模仿有毒近亲(比如珊瑚蛇)的颜色。这种拟态称作"贝茨氏拟态"。

平衡器:部分无脊椎动物,比如牡蛎、螯龙虾及数种刺胞动物的感觉器官,负责保持平衡、定位方向以及感知外界。平衡器是一个密闭的囊泡,内部覆满感觉纤毛,可以探测平衡器中的听石的动作及移动。

人科:双足灵长目动物下的一科,涵盖了若干种与人类一脉相承的物种[除了智人(*Homo sapiens*)以外,还包括已化为化石的直立人(*Homo erectus*)、能人(*Homo habilis*)和数种南方古猿]以及与人类亲缘关系最近的部分种类的现代类人猿(红毛猩猩、大猩猩、黑猩猩及倭黑猩猩)。

入海前的小鲑鱼:野生鲑鱼的发育阶段,处于"鱼苗"之后。这个阶段的鲑鱼皮肤带有斑点,生活在河流中。

渗透压：指半透膜两侧浓度不同的液体对半透膜所施加的压力的差值。渗透压对渗透现象起决定性作用。在有机体与外界环境之间，以及在有机体的细胞内部，都能观察到有机体在对这种压力进行调节。当有机体为了达到平衡而调节压力时，这种现象称作"体内稳态"。

双壳类：双壳类软体动物的贝壳由铰接在一起的两瓣壳组成，比如牡蛎、贻贝、砗磲以及缀锦蛤。

水螅体：刺胞动物门（包括海葵、水母及珊瑚）的部分动物的发育阶段。处于这个阶段的动物形似小海葵，长有触角，一动不动地固着在支撑物上。处于浮游阶段（称作"水母体"）的动物则相反，它们可以自由自在地移动。

听石：一种固体，类似于一块小石头。动物移动时，平衡器中的听石也会随之移动，从而告知动物它在空间中所处的位置。

突变：基因信息的改变，可能是自发的，也可能是诱发的。基因突变创造了基因多样性，有时会在物种的进化中发挥作用。

完全变态：完全变态动物在发育过程中会经历蛹的阶段。在这个阶段，它们一动不动，身体完全重塑。这就是"完全变态"。大部分金龟子、蝴蝶、飞蛾、苍蝇，以及社会性昆虫，比如蚂蚁及蜜蜂都是完全变态昆虫。

尾脂腺：位于鸟类尾基的腺体，会分泌由体脂及蜡组成的复合油脂物质，能使羽毛光滑平顺，且能防水。

文化：一群个体独有的知识及传统，可以在同龄个体或代际间传播。人们曾一直认为文化是人类所独有的。后经观察发现，知识会以文化的形式在大量物种中传播，比如山雀、类人猿、海豚。尤其是觅食的知识，以及制作及使用工具的知识。

无尾目：成年阶段没有尾巴的两栖动物，比如青蛙及蟾蜍。

无限生长：无限生长的有机体在一生中会持续不断地生长，比如螯龙虾及格陵兰睡鲨。

物种：最简单的定义是，种群成员在自然状态下可以繁衍，且后代可以存活并拥有生殖能力的种群。但现实情况略复杂一些，不同的物种会进行杂交，繁育出的后代也是可以生育的。比如不同种的黑莓植物（悬钩子属 *Rubus*）就能交配，产出有生殖能力的后代。关于黑莓的研究千千万万，甚至还衍生出了"黑莓学"以及"黑莓学家"。根据种系发生学的分类方法，物种是拥有共同特征的最小单位。

下颌突出：形容动物的下颌相较于脸部过于突出。

新陈代谢：有机体体内生化反应的统称，负责确保有机体的正常运转。

雄性先熟：雄性先熟动物出生时是雄性，后变为雌性。相反，出生时是雌性，后变为雄性的动物称作"雌性先熟"（protogyne）。上述两种转换性别的情况统称为顺序性雌雄同体。

休眠状态：一种暂时状态。在这种状态下，生物活动会变得极其缓慢，生长及发育进程均会中止。当环境适宜生存时，休眠状态便会解除。

驯化：以养殖为目的对动物进行的人工选择。驯化会改变动物的基因遗产，动物品种因此而诞生。

氧化：制茶时的氧化指在有氧情况下发生的一系列化学反应，会使茶叶变成棕褐色，激发出香味。茶叶细胞被破坏后，一般没有接触的分子会相互接触，氧化就在这时发生。酶会把属于多酚类的分子——儿茶酸——转化为茶黄素及茶红素。其他分子也发生了转化，形成了各类芳香族化合物或有色化合物。举个例子，叶绿素是让茶叶呈现出绿色的色素，会被主要降解为褐色的脱镁叶绿素。如果把茶叶短暂地暴露在高温下，促使这些转化发生的酶就会被破坏，氧化进程便也停止了。

叶绿体：使光合作用成为可能的细胞器。

一年多次开花：在单个营养生长期内可多次开花的植物。一年多次开花的玫瑰在一年内能开花数次。

蛹：部分昆虫的发育阶段。在这个阶段，动物纹丝不动。

有尾目：成年阶段带有尾巴的两栖动物，比如蝾螈、洞螈及欧螈。

幼体群：年幼的软体动物的统称，比如处于幼虫阶段的牡蛎及贻贝。

鱼苗：刚孵化的幼鱼，鱼类发育的第一阶段。

杂交：拥有不同遗传基因的亲本进行的交合，包括不同的变种、亚种、种及属。杂交产物拥有父本与母本的混合特征。

植物变种与栽培品种：这两个词都用于指代植物，可以替换使用。植物变种的其中一个定义是某一物种下所有拥有明确特征（形态、生理及基因）的个体的统称，这些特征可以将这些个体与同种中的其他个体区分开来。这些特征通常是人类选择的结果（与动物品种一样）。栽培品种的特征是定向培育的结果，无法通过种子传播，仅能通过营养繁殖传播。

中枢神经系统：由脑与脊髓构成。

准备入海的鲑鱼：野生鲑鱼的发育阶段。在这个阶段，鲑鱼体形将会变大，换上银色新装，准备入海。

子实体：部分真菌的繁殖器官。在适宜条件下，一个孢子能产生一个初生菌丝体，而两个初生菌丝体结合将形成一个新的个体。

致　谢

感谢家人的支持。感谢米谢勒·蒙特费朗（Michèle Montferrand）帮忙阅读本书的部分章节。衷心感谢图卢兹博物馆的图书管理员。这座图书馆藏书万千，一本比一本有趣！快去逛一逛吧！

安妮-塞西尔

感谢父母及马克西姆仔细地阅读了这本书，并提出了许多有用的建议。感谢我的朋友们及家人的鼓励。非常感谢厄河咖啡馆的全体工作人员，没有你们，就没有这本书。最后，谢谢安妮-塞西尔对我的信任，领我一起参与了这场"重述童话故事的华尔兹舞会"！我想将这部作品献给我的祖父母。是他们影响了我，让我拥有了不断学习的欲望。

阿加莎

参 考 文 献

内容导读

［1］ Clerc C.,Despinette J. *et al*., Visages d'Alice, catalogue de l'exposition sur les Visages d'Alice, Paris, Gallimard Jeunesse, 1983.

［2］ Lindseth J. A. et Tannenbaum A.（dir.）, Alice in a World of Wonder-lands: The Translations of Lewis Carroll's Masterpiece, New Castle, Oak Knoll Press, 2015.

［3］ Lovett Stoffel S., Lewis Carroll au pays des merveilles, Paris, Décou-vertes Gallimard, 1997.

第一部分

第 1 章

［1］ 《Pourquoi les caméléons changent de couleurs?》,文章引自博客 Ad Naturam: www. adnaturam. org/2018/07/17/la-minute-nature-7/.

［2］ 《TP Relations：Du milieu aquatique au milieu terrestre》,文章引自博客 Strange Stuff And Funky Things : www. ssaft. com/Blog/ dotclear/index. php? post/2011/11/30/Un-TP,-un-article :-Rent-abilisation-du-Strange-and-Funky.

［3］ 《Une histoire à en rester mué》，文章引自博客 Les poissons n'existent pas：www. fish-dont-exist. blogspot. com/2012/10/une-histoire-en-rester-mue. html.

［4］ Brainerd E. L. ,《Pufferfish inflation：functional morphology of post-cranial structures in Diodon holocanthus（Tetraodon-tiformes)》, Journal of Morphology, vol. 220, no 3, 1994, p. 243-261.

［5］ Brown C. , Garwood M. P. et Williamson J. E. ,《It pays to cheat：tactical deception in a cephalopod socialsignalling system》, Biology Letters, vol. 8, 2012, p. 729-732.

［6］ Bruning B. , Phillips B. L. et Shine R. ,《Turgid female toads give males the slip：a new mechanism of female mate choice in the Anura》, *Biology Letters*, vol. 6, no 3, 2010, p. 322-324.

［7］ Dussutour A. , *Tout ce que vous avez toujours voulu savoir sur le blob sans jamais oser le demander*, Paris, éditions J'ai lu, 2019.

［8］ Hanlon R. T. , Watson A. C. et Barbosa A. ,《A "mimic octo-pus" in the Atlantic：flatfish mimicry and camouflage by *Macrot-ritopus defilippi* 》, *The Biological Bulletin*, vol. 218, no 1, 2010, p. 15-24.

［9］ Reynolds S. ,《Cooking up the perfect insect：Aristotle's transforma-tional idea about the complete metamorphosis of insects》, *Phil. Trans. R. Soc. B*, vol. 374, no 1783, 2019.

［10］ Rolff J. , Johnston P. R. et Reynolds S. ,《Complete metamorpho-sis of insects》, *Phil. Trans. R. Soc. B*, vol. 374, no 1783, 2019.

［11］ Wilbur H. M. ,《Complex life cycles》, *Annual review of Ecology and Systematics*，vol. 11，no 1，1980，p.67-93.

[12] Williams K. S. et Simon C.，《The ecology，behavior，and evolution of periodical cicadas》，*Annual Review of Entomology*，vol. 40，1，1995，p. 269-295. 关于周期蝉的英语科普网站：www.cicadas.uconn.edu.

[13] 由 André Lequet 创建的网站 www.insectes-net.fr 提供了关于昆虫及其生命周期的大量信息。在鳞翅目页面，您可以了解到多种标志性鳞翅目昆虫的发育过程，如钩粉蝶、旖凤蝶、优红蛱蝶、孔雀蛱蝶、伊莎贝拉天蚕蛾及孔雀天蚕蛾。

[14] 前往以下地址，观看 Popo 酱的"变形"视频：www.youtube.com/watch? v = d7BJTvKkURs.

第 2 章

[1] Ammer C.，The dictionary of clichés，New York，Skyhorse，2013.

[2] Caeiro C. C.，Burrows A. M. et Waller B. M.，《Development and application of CatFACS：Are human cat adopters influenced by cat facial expressions?》，Applied Animal Behaviour Science，vol. 189，2017，p. 66-78. 漫画家 Marion Montaigne 在其博客 Tu mourras moins bête 上记录下了这段经历。前往以下地址，观看该文章的漫画版本：www.youtube.com/watch? v = EFNJ9LoIVvc.

[3] Caeiro C. C.，Waller B. et Burrows A.，*The Cat Facial Action Coding System manual*（*CatFACS*），2013。前往 www.animal-facs.com/catfacs_new 免费领取电子版指南（仅有英语版本）。

[4] Davila-Ross M.，Allcock，B. *et al.*，《Aping expressions? Chimpan-zees produce distinct laugh types when responding to laughter of others》，*Emotion*，vol. 11，no 5，2011，p. 1013. doi：10.

与生物学家一起读《爱丽丝梦游仙境》

1037/ a0022594.

[5] Davila-Ross M. ,Owren M. J. *et al.* ,《The evolution of laughter in great apes and humans》, *Comm. Integrat. Biol.*, vol. 3, 2010, p.191-194. doi: 10.4161/cib.3.2.10944.

[6] Gardner M. , *The Annotated Alice*, *the definitive edition*, New York, W. W. Norton & Company, 2000.

[7] Krys K. , Vauclair C. M. *et al.* ,《Be careful where you smile: Culture shapes judgments of intelligence and honesty of smiling indivi-duals》, *Journal of Nonverbal Behavior*, vol. 40, no 2, 2016, p.101-116.

[8] McComb K. , Taylor A. M. *et al.* ,《The cry embedded within the purr》, *Current Biology*, vol. 19, no 13, 2009, R507-R508.

[9] Niedenthal P. M. , Mermillod M. *et al.* , 《The Simulation of Smiles (SIMS) model: Embodied simulation and the meaning of facial expression》, *Behavioral and Brain Sciences*, vol. 33, no 6, 2010, p.417.

[10] Pansepp J. et Burgdorf J. ,《Laughing rats? Playful tickling arouses high frequency ultrasonic chirping in young rodents》, *Toward a science of consciousness*, vol. 3, 1999, p.231-244.

[11] Schötz S. et Eklund R. ,《A comparative acoustic analysis of purring in four cats》, *Fonetik* 2011, Royal Institute of Technology, Stockholm, Suède, 2011, p.5-8.

[12] VanHooff J. A. R. A. M. ,《A comparative approach to the phylogeny of laughter and smiling》in Mebrahian A. , *Non-verbal communi-cation*, Piscataway, Transaction publishers, 1972,

p. 209-241.

[13] VonMuggenthaler E.,《The felid purr：A healing mechanism?》，*The Journal of the Acoustical Society of America*，vol. 110，no 5，2001，p. 2666.

[14] Waller B. M. et Dunbar R. I.,《Differentialbehavioural effects of silent bared teeth display and relaxed open mouth display in chimpanzees（*Pan troglodytes*）》，*Ethology*，vol. 111，no 2，2005，p. 129-142.

[15] 前往以下地址观看第一部爱丽丝电影（Cecil Hepworth，1903）：www. youtube. com/watch? v = zeIXfdogJbA.

[16] 一个由动物面部表情编码系统发明者创建的英语网站：https://animalfacs. com/chimpfacs_new.

第 3 章

[1]《Barbiroussa》，一个信息极其丰富的猪科动物网站：www. sites. google. com/site/ wildpigspecialistgroup/home/Babyrousa-babirussa.

[2]《Le Jackalope》，文章引自博客 Strange stuff and funky things：www. ssaft. com/Blog/dotclear/? post/2013/07/12/Freaky-Friday-Parasite-Le-Jackalope.

[3] Buffetaut E.，*Fossiles et croyances populaires. Une paléontologie de l'imaginaire*，Paris，Le Cavalier Bleu/Espèces，2017.

[4] Delacour J.，《Under-wing fishing of the Black Heron，*Melanophoyx ardesiaca*》，*The Auk*，vol. 63，no 3，1946，p. 441-442.

[5] Faidutti B.，*Images et connaissance de la licorne（fin du Moyen Âge - xixe siècle）*，thèse de doctorat，université de Lorraine，1997.

[6] Gardner M.，*The Annotated Alice. The definitive edition*，New

York，W. W. Norton & Company，2000.

［7］ Hunter L. et Barrett P. , *Guide des carnivores du monde* , Paris，Dela-chaux et Niestlé，2012.

［8］ Lovett Stoffel S. , *Lewis Carroll au pays des merveilles* , Paris，Décou-vertes Gallimard，1997.

［9］ Noacco C. ,《*Physiologos. Le bestiaire des bestiaires*. Texte traduit du grec，introduit et commenté par Arnaud Zucker》, *Anabases. Traditions et réceptions de l'Antiquité* , 2006，p.279-281.

［10］ Nweeia M. T. , Eichmiller F. C. *et al.* ,《Sensory ability in the narwhal tooth organ system》, *The Anatomical Record* , vol. 297，2014，p.599-617. doi：10.1002/ar.22886.

［11］ Panafieu J.-B. et Renversade C. , *Créatures fantastiques Deyrolle* , Toulouse，Plume de carotte，2014.

［12］ Pastoureau M. , *Bestiaires du Moyen Âge* , Paris，Seuil，2019. Pline l'Ancien, *Histoire naturelle* （traduction franc‚aise）, livre Ⅷ，n.d. 更多信息见 www. remacle. org/bloodwolf/erudits/plinean-cien/livre8. htm.

［13］ Theuerkauf J. , Rouys S. *et al.* ,《Some like it odd ：Long-term research reveals unusual behaviour in the flightless Kagu of New Caledonia》, *Austral Ecology* , vol. 46，no 1，2021 p.151-154.

［14］ Develey A. et Gasquet L. ,《*La Chasse au Snark* ：le testament littéraire du génie de Lewis Carroll》, *Le Figaro* , 13 septembre 2020 ：www. lefigaro. fr/langue-francaise/expressions-francaises/la-chasse-au-snark-le-testament-litteraire-du-genie-de-lewis-carroll-20200913.

第 4 章

［1］ 《Behaviour of the Australian "fire-beetle" *Merimna atrata*（Coleop-tera：Buprestidae）on burnt areas after bushfires》，Western Australian Museum，n. d. 更多信息见 www. museum. wa. gov. au/ research/records-supplements/records/behaviour-australian-fire-beetle-merimna-atrata-coleoptera-bupr.

［2］ 《BIOPAT-Sponsorships for Biodiversity》，n. d. 更多信息见 www. biopat. de/en/start. html.

［3］ 《Les insectes chanteurs》，文章引自网站 Espace pour la vie：www. espacepourlavie. ca/les-insectes-chanteurs.

［4］ 《Name a new species》，文章引自网站 Scripps Institution of Oceanography：www. scripps. ucsd. edu/giving/name-new-species.

［5］ 《The attraction of insects to forest fires》，文章引自网站 FRAMES：www. frames. gov/catalog/36429.

［6］ 《Why are moths attracted toflame?》，文章引自网站 EarthSky：www. earthsky. org/earth/why-are-moths-attracted-to-flame/.

［7］ Bouget C. ，*Secrets d'insectes*：1001 *curiosités du peuple à 6 pattes*，Versailles，éditions Quae，2016.

［8］ Carroll L. ，Tenniel J. et Gardner M. ，*The Annotated Alice-The Definitive Edition*，New York，W. W. Norton & Company，2000.

［9］ Dagaeff A. -C. ，*Selection*，*sex and sun* ：*social transmission of a sexual preference in* Drosophila melanogaster，thèse de doctorat，université Paul-Sabatier-Toulouse Ⅲ，2015.

［10］ Giraud M. ，Albouy V. *et al* . ，*Les insectes en bord de chemin*，Paris.

与生物学家一起读《爱丽丝梦游仙境》

[11]   Delachaux et Niestlé, 2019.

[12]   Hinz M., Klein A. *et al.*, 《The impact of infrared radiation in flight control in the Australian "firebeetle" *Merimna atrata*》, *PLOS ONE*, vol. 13, 2018. doi: 0192865.

[13]   Klocke D., Schmitz A. et Schmitz H., 《Native flies attracted to bushfires》, université de Bonn, lettre d'information 15, 2009.

[14]   Nord C., 《Proper Names in Translations for Children: *Alice in Wonderland* as a Case in Point》, *META*, vol. 48, 2003.

第 5 章

[1]   Argot C. etVivès L., *Un jour avec les dinosaures*, Paris, Flammarion/ MNHN, 2018.

[2]   Bowers G. M., *Bulletin of the United States Fish Commission*, Washington DC, Government Printing Office, vol. XVIII, 1898.

[3]   Ching M. B., 《The flow of turtle soup from the Caribbean via Europe to Canton, and its modern American fate》, *Gastrono-mica*, vol. 16, no 1, 2016, p.79-89.

[4]   Christman L., *Four Papers Exploring Victorian Scientific Culture: Mock Turtle Soup, Cosmetics, Bicycles, and Psychical Study*, Univer-sity of Washington Libraries, 2017.

[5]   Kittinger J. N., Van Houtan K. S. et al., 《Using historical data to assess the biogeography of population recovery》, *Ecography*, vol. 36, 2013, p.868-872.

[6]   Roman J. et Bowen B. W., 《The mock turtlesyndrome : genetic iden-tification of turtle meat purchased in the south-eastern United States of America》, *Animal Conservation forum*, Cambridge

University Press，vol. 3，no 1，p.61-65，2000.

龙虾四组舞

［1］ 《Fiche descriptive sur le saumon atlantique》，fiche du site de l'Observatoire des poissons migrateurs：www. observatoire-poissons-migrateurs-bretagne. fr/images/pdf/Saumon/fiche-descriptive-saumon-atlantique_s-collin. pdf.

［2］ 《Grey Seal》，文章引自网站 Wildlife Trust：www. wildlifetrusts. org/wildlife-explorer/marine/marine-mammals-and-sea-turtles/grey-seal.

［3］ 《Pourquoi le homard change-t-il de couleur à la cuisson》，文章引自博客 Takana：www. takana. over-blog. com/article-141127. html.

［4］ 《Trumpetfish》，un article del'université de Lamar，Texas：www. lamar. edu/arts-sciences/biology/study-abroad-belize/marine-critters/marine-critters-2/trumpetfish. html.

［5］ Cain S. D.，Boles L. C. *et al*.，《Magnetic orientation and navigation in marine turtles，lobsters，and molluscs：concepts and conundrums》，*Integrative and Comparative Biology*，vol. 45，no 3，2005，p.539-546.

［6］ Dragićević O. et Baltić M. Ž.，《Snail meat：significance and consump-tion》，*Veterinarski glasnik*，vol 59，nos 3-4，2005，p.463-474.

［7］ DuBuit M. H. et Merlina F.，《Alimentation du merlan *Merlangius merlangus* L. en mer Celtique》，*Revue des Travaux de l'Institut des Pêches maritimes*，vol. 49，nos 1-2，1985，p.5-12.

［8］ Fernandez-Lopez de Pablo J.，Badal E. *et al*.，《Land snails as a diet diversification proxy during the Early Upper Palaeolithic in Europe》, *PLOS ONE*, vol. 9, no 8, 2014. e104898.

[9] Gardner M., *The Annotated Alice*, *the definitive edition*, New York, W. W. Norton & Company, 2000.

[10] Giraud M, Dourlot S. *et al.*, *La nature en bord de mer*, Paris, Dela-chaux et Niestlé, 2020.

[11] Govind C. K. et Pearce, J., 《Mechanoreceptors and minimal reflex activity determining claw laterality in developing lobsters》, *Journal of Experimental Biology*, vol. 171, no 1, 1992, p. 149-162.

[12] Grison B. etRafaelian A., *Les Portes de la perception animale*, Paris, Delachaux et Niestlé, 2021.

[13] Houise C., 《Étude de la population du merlan (*Merlangius mer-langus* L.) du golfe de Gascogne》, *Ifremer*, 1993.

[14] Le Hir P., 《Des escargots au menu des Européens il y a 30000 ans》, *Le Monde*, 21 aou？ t 2014. 更多信息见 www. lemonde. fr/archeo-logie/article/2014/08/25/des-escargots-au-menu-des-europeens-il-y-a-30-000-ans_4476441_1650751. html.

[15] Ma H. et Yang Y., 《*Turritopsis nutricula*》, *Nature and Science*, vol. 8, no 2, 2010, p. 15-20.

[16] Masonjones H. et Lewis S., 《Courtship behavior in the dwarf Seahorse, *Hippocampus zosterae* 》, *Copeia*, no 3, 1996, p. 634-640. doi ：10. 2307/1447527.

[17] Nesbitt S. J., Barrett P. M. *et al.*, 《The oldest dinosaur? A Middle Triassic dinosauriform from Tanzania》, *Biology Letters*,

vol. 9, no 1, 2013. doi: 20120949.

[18] Palomino E., Káradóttir K. et Phiri E., *Indigenous Fish Skin Craft Revived Through Contemporary Fashion*, Conférence IFFTI 2020, 2020.

[19] Richardson A. J., Bakun A. *et al.*, 《The jellyfish joyride: causes, consequences and management responses to a more gelatinous future》, *Trends in Ecology & Evolution*, vol. 24, no 6, 2009, p.312-322.

[20] Sappenfield A., Tarhan L. et Droser M., 《Earth's oldest jellyfish strandings: A unique taphonomic window or just another day at the beach?》, *Geological Magazine*, vol. 154, no 4, 2017, p.859-874. doi:10.1017/S0016756816000443.

[21] Sheehy M. R. J., Bannister R. C. A. *et al.*, 《New perspectives on the growth and longevity of the European lobster (*Homarus gammarus*)》, *Canadian Journal of Fisheries and Aquatic Sciences*, vol. 56, no 10, 1999, p.1904-1915. doi :10.1139/f99-116.

[22] Stabell O. B., 《Homing and olfaction in salmonids : a critical review with special reference to the Atlantic salmon》, *Biological Reviews*, vol. 59, no 3, 1984, p.333-388.

[23] VanWijk A. A., Spaans A. *et al.*, 《Spectroscopy and quantum chemical modeling reveal a predominant contribution of exci-tonic interactions to the bathochromic shift in α-Crustacyanin, the blue carotenoprotein in the carapace of the lobster *Homarus gammarus*》, *Journal of the American Chemical Society*, vol. 127, no 5, 2005, p.1438-1445.

［24］ Project Seahorse 网站：www. projectseahorse. org/saving-seahors-es/about-seahorses/.

［25］ 前往史密森尼学会 YouTube 频道观看花斑连鳍的求偶舞蹈视频：https://www. youtube. com/watch? v = DN0-hIEc CHg.

海象，出人意料的巨人

［1］ Fay F. H.，《Ecology and biology of the Pacific walrus, *Odobenus rosmarus divergens* Illiger》，*North American Fauna*，1982，p.1-279.

［2］ Born E. W.，《Reproduction in female Atlantic walruses（*Odobenus rosmarus rosmarus*）from northwestern Greenland》，*Journal of Zoology*，vol. 255，2001，p.165-174.

［3］ Born，E. W.，《Reproduction in male Atlantic walruses（*Odobenus rosmarus rosmarus*）from the North Water（N Baffin Bay）》，*Marine Mammal Science*，vol. 19，2003，p.819-831.

［4］ Oliver J. S.，Slattery P. N. *et al*.，《Walrus, *Odobenus rosmarus* Feeding in the Bering Sea：A Benthic Perspective》，*Fishery Bulletin*，vol. 81，1983，p.501-512.

［5］ 《Quand l'ospénien rencontre l'os clitoridien：baculum baubellumque》，文章引自博客 Scilogs：www. scilogs. fr/histoires-de-mammiferes/quand-los-penien-rencontre-los-clitoridien-baculum-baubellumque/.

［6］ Lough-Stevens M.，Schultz N. G. et Dean M. D.，《The baubellum is more developmentally and evolutionarily labile than the baculum》，*Ecology and Evolution*，vol. 8，no 2，2018，p.1073-1083.

［7］ Gotfredsen A. B., Appelt M. et Hastrup K., 《Walrus history around the North Water: Human-animal relations in a long-term perspective》, *Ambio*, vol. 47, 2018, p. 193-212. doi: 10.1007/s13280-018-1027-x.

［8］ MacCracken J. G., 《Pacific Walrus and climate change: observations and predictions》, *Ecology and Evolution*, vol. 2, no 8, 2012, p. 2072-2090.

很有料的牡蛎！

［1］ 《Huître plate》，资料引自 IFREMER：www.archimer.ifremer.fr/doc/2006/acte-3321.pdf.

［2］ 《La naissance de l'ostréiculture en France》，文章引自博客 Ostrea：www.ostrea.org/la-naissance-de-lostreiculture-en-france/.

［3］ 《La plus grosse huître du monde découverte au Danemark》, France-info, 19 février 2014. Consulté sur www.francetvinfo.fr/animaux/une-huitre-de-plus-de-35-cm-sacree-plus-grosse-du-monde-au-danemark_533907.html.

［4］ Brosnan S. et De Waal F., 《Monkeys reject unequal pay》, *Nature*, vol. 425, 2003, p. 297-299. doi : 10.1038/nature01963.

［5］ Charifi M., Sow M. *et al.*, 《The sense of hearing in the Pacific oyster, *Magallana gigas*》, *PLOS ONE*, vol. 12, no 10, 2017. doi: e0185353.

［6］ De Waal F., *Le bon singe : les bases naturelles de la morale*, Paris, Bayard Culture, 1997.

［7］ Debove S., *Pourquoi notre cerveau a inventé le bien et le mal*, Paris, humenSciences, 2021.

［8］ Horowitz A.,《Disambiguating the "guilty look": Salient prompts to a familiar dogbehaviour》, *Behavioural processes*, vol. 81, no 3, 2009, p.447-452.

［9］ 孔卡诺海洋研究所创建史请见 https://www.stationmarinedecon-carneau.fr/fr/station/histoire-station-2301.

［10］ Lescroart M., *Les huîtres*, 60 *clés pour comprendre*, Paris, éditions Quae, 2017.

［11］ Richardson C. A., Collis S. A. *et al.*,《The age determination and growth rate of the European flat oyster, *Ostrea edulis*, in British waters determined from acetate peels of umbo growth lines》, *ICES Journal of Marine Science*, vol. 50, no 4, 1993, p.493-500.

［12］ Rouat S.,《Réintroduction d'huîtres disparues depuis plus de 100 ans en Écosse》, *Sciences et Avenir*, 24 septembre 2018. 更多信息见 www.sciencesetavenir.fr/nature-environnement/ mers-et-o-ceans/des-huîtres-pour-restaurer-les-eaux-ecossaises_127755♯xtor＝EPR-1-.

［13］ Zapata-Restrepo L. M., Hauton C. *et al.*,《Effects of the inter-action between temperature and steroid hormones on gametogene-sis and sex ratio in the European flat oyster (*Ostrea edulis*)》, *Compa-rative Biochemistry and Physiology Part A : Molecular & Integra-tive Physiology*, vol. 236, 2019, 110523.

［14］ Frans de Waal 就动物道德观及黑帽悬猴不公平实验所做的演讲: www.ted.com/ talks/frans_de_waal_moral_behavior_in_animals/ transcript.

眼泪池塘与渡渡鸟

［1］ 《100ans après：Un squelette d'un Dodo mauricien，retrouvé dans le musée de Durban》，*Le Mauricien*，16 janvier 2012. 更多信息见 www. lemauricien. com/actualites/magazine/100-ans-apr％c3％a8sun-squelette-dun-dodo-mauricien-retrouv％c3 ％ a9-mus％ c3％ a9e-durban/130651/.

［2］ 《Dead dodo origin》，文章引自博客 Word histories：www. wordhistories. net/2018/07/02/dead-dodo-origin/.

［3］ 《Dodod'Oxford》，文章引自 OUMNH：www. oumnh. ox. ac. uk/ the-oxford-dodo.

［4］ 《Dodu Dodo，l'oiseau si rigolo》，文章引自网站 RTS：https：// www. rts. ch/archives/dossiers/3477566-dodu-dodo-loiseau-si-rigolo. html.

［5］ Angst D.，《La vie intime du dodo révélée par ses os》，*Espèces*，*revue d'histoire naturelle*，no 27，2018.

［6］ Angst D.，Chinsamy A.，Steel L. et Hume J. P.，《Bone histology sheds new light on the ecology of the dodo（*Raphus cucullatus*，Aves，Columbiformes)》，*Sci. rep.*，vol. 7，no 1，2017，p.1-10.

［7］ Ashmolean museum，www. ashmolean. org/history-ashmolean.

［8］ Botti C. et S.，《L'os du dodo dans les musées》，*Sous la varangue*，20 juin 2017. 更多信息见 www. souslavarangue. canalblog. com/ archives/2014/04/28/29753603. html.

［9］ Gardner M.，*The Annotated Alice*，*the definitive edition*，New York，.

［10］ W. W. Norton & Company，2000. Lederer R. et Burr C.，*Latin for Bird Lovers*，Portland，Timber Press，2014.

[11] Livezey B. C.，《An ecomorphological review of the dodo（*Raphus cucullatus*）and solitaire（*Pezophaps solitaria*），flightless Colum-biformes of the Mascarene Islands》，*Journal of Zoology*，vol. 230，no 2，1993，p.247-292.

[12] Nowak-Kemp M. et Hume J. P.，《The Oxford Dodo. Part 1. The museum history of theTradescant Dodo：ownership，displays and audience 》，*Historical Biology*，vol. 29，no 2，2017，p.234-247.

[13] Nowak-Kemp M. et Hume J. P.，《The Oxford Dodo. Part 2. From curiosity to icon and its role in displays，education and research》，*Historical Biology*，vol. 29，no 3，2017，p.234-247.

[14] Sellars R. M.，《Wing-spreading behaviour of the cormorant. *Phala-crocorax carbo* 》，*ARDEA*，vol. 83，no 1，1995.

[15] Semal L. et Fourié Y.，*Bestiaire disparu*. *Histoire de la dernière grande extinction*，Paris，Plume de carotte，2013.

第 6 章

[1] 《Chat domestique en France et faune sauvage》，文章引自 SFEPM：www. sfepm. org/les-actualites-de-la-sfepm/chat-domestique-en-france-et-faune-sauvage. html.

[2] Barragan-Jason G. *et al*.，《Human-nature connectedness as a pathway to sustainability：a global meta-analysis》，2021.

[3] Berenguer J.，《The effect of empathy in proenvironmental attitudes and behaviors》，*Environment and Behavior*，vol. 39，no 2，2007，p.269-283. doi：10.1177/0013916506292937.

[4] Chansigaud V. , *Histoire de la domestication animale* , Paris，Delachaux et Niestlé，2020.

[5] Goodall J. , *Ma vie avec les chimpanzés* , Paris，L'École des loisirs，2012.

[6] Landová E. , Poláková P. *et al* . ,《Beauty ranking of mammalian species kept in the Prague Zoo：does beauty of animals increase the respondents' willingness to protect them?》, *The Science of Nature* , vol. 105，no 11，2018，p. 1-14.

[7] Lestel D. , *Les Origines animales de la culture* , Paris，Flammarion，2003.

[8] Morton E. ,《How England's first feline show countered Victorian snobbery about cats》, *Atlas Obscura* , 13 mai 2016. 更多信息见 www. atlasobscura. com/articles/how-englands-first-cat-show-countered-victorian-snobbery-about-cats.

[9] Mousseau T. et Moller A. ,《Chernobyl and Fukushima：differences and similarities：A biological perspective》, *Transactions of the American Nuclear Society* , vol. 107，2015，p. 200-203.

[10] Pastoureau M. , *Bestiaires du Moyen Âge* , Paris，Seuil，2011.

[11] Telebotanica：www. tela-botanica. org/thematiques/sciences-participatives/ Vigie-nature：www. vigienature. fr/.

[12] Zielinski S. ,《Il faut sauver les animaux moches》, Slate，2 décembre 2013. Consulté sur www. slate. fr/story/80491/animaux-moches.

第二部分

第 1 章

［1］　《Effet du mercure sur la santé》，文章引自加拿大政府网站，2019：www. cchst. ca/oshanswers/chemicals/chem _ profiles/ mercury/ health_mercury. html.

［2］　《Larapidité de combat d'une hase contre un lièvre》，视频引自法国国家地理野生频道，n. d. ：www. youtube. com/watch？v = J70wXBDkXQY&ab_channel = NationalGeographicWildFrance.

［3］　《Le secret des chapeliers fous》，文章引自博客 Savoirs d'histoire：www. savoirsdhistoire. wordpress. com/2015/11/17/le-secret-des-chapeliers-fous/.

［4］　《The Rabbit Problem》，文章引自 Rabbit-Free Australia，n. d. ：www. rabbitfreeaustralia. org. au/rabbits/the-rabbit-problem/.

［5］　*Birds-of-Paradise Project*，The Cornell Lab of Ornithology，n. d. ：www. bopprod. online/.

［6］　Birlouez E. ，*Histoire des poisons，des empoisonnements et des empoi-sonneurs*，Rennes，éditions Ouest-France，2016.

［7］　Creel D. ，《Inappropriate use of albino animals as models in research》，*Pharmacology Biochemistry and Behavior*，vol. 12，no 6，1980，p.969-977.

［8］　Delort R. ，*Les Animaux ont une histoire*，Paris，Seuil，1993.

［9］　Fan P.-F. ，Ma C.-Y. *et al.* ，《Rhythmic displays of female gibbons offer insight into the origin of dance》，*Sci. Rep.* ，vol. 6，article 34606，30 septembre 2016.

［10］　Gannon R. A. ，《Observations on The Satin Bower Bird with

Regard to the Material Used by It in Painting，Its Bower》，*Emu-Austral Ornithology*，vol. 30，1930，p.39-41.

[11] Giraud M. et Macagno G.，*Le Sex-appeal du crocodile*，Paris，Dela-chaux et Niestlé，2016.

[12] Holley A. J. F.，Greenwood P. J.，《The Myth of the Mad March Hare》，*Nature*，vol. 309，1984，p.549-550.

[13] Lincoln G. A.，《Reproduction and "March madness" in the Brown hare，*Lepus europaeus*》，*Journal of Zoology*，vol. 174，1974，p.1-14.

[14] Matthews David A.，《Techniquestoxiques. Chapeaux mercu-riels》，*La Peaulogie*，2019. 更多信息见 www. lapeaulogie. fr/tech-niques-toxiques-chapeaux-mercuriels/.

[15] Mobley K. B.，Morrongiello J. R. *et al*.，《Female ornamenta-tion and the fecundity trade-off in a sex-role reversed pipefish》，*Ecology and Evolution*，vol. 8，2018，p.9516 – 9525.

[16] Waldron H. A.，《Did the Mad Hatter have mercurypoisoning?》，*Br*. *Med*. *J*.（*Clin*. *Res*. *Ed*.），vol. 287，no 1961，1983.

第 2 章

[1] 《Coquelicots et pavots：trafic de stups!》，文章引自博客 Sauvages du Poitou，n. d. ：www. sauvagesdupoitou. com/83/669.

[2] 《Hallucinogènes-Synthèse des connaissances》，文章引自 OFDT，n.d. ：www. ofdt. fr/produits-et-addictions/de-z/hallucinogenes/.

[3] Arnaud B.，《Les agriculteurs suisses ont-ils domestiqué du pavot à opium au Néolithique?》，*Sciences et Avenir*，02 juin 2021. Consulté sur www. sciencesetavenir. fr/archeo-paleo/archeologie/

les-agriculteurs-suisses-ont-ils-domestique-du-pavot-a-opium-au-ne-
olithique_154721.

[4] Awan A. R. , Winter J. M. *et al.* , 《Convergent evolution of psi-
locybin biosynthesis by psychedelic mushrooms》, *bioRxiv*, no
374199, 2018.

[5] Bilimoff M. , *Histoire des plantes qui ont changé le monde*, Paris,
Albin Michel, 2011.

[6] Hofmann A. , Evans R. , *Les plantes des dieux. Pouvoirs magiques
des plantes psychédéliques, Botanique et ethnologie*, Paris,
éditions du Lézard, 2000.

[7] Hofrichter R. , *La vie secrète des champignons. À la découverte
d'un monde insoupçonné*, Paris, Les Arènes, 2019.

[8] Jost J.-P. , Jost-Tse Y.-C. , *L'Automédication chez les animaux
dans la nature et ce que nous pourrions encore apprendre d'eux*,
Paris, Connaissances et Savoirs éditions, 2015.

[9] Keyser Z. , 《"Opium-addicted" parrots terrorize Indian poppy
farmers》, *The Jerusalem Post*, 3 mars 2019.

[10] Letcher A. , *Shroom: A Cultural History of the Magic Mushroom*,
Londres, Faber & Faber, 2006.

[11] Martin F. , *Tous les champignons portent-ils un chapeau ? 90 clés
pour comprendre les champignons*, Paris, éditions Quae, 2014.

[12] Merlin M. D. , 《Archaeological evidence for the tradition of psy-
choactive plant useIn the old world》, *Econ. Bot.* , vol. 57, 2003,
p.295-323.

[13] Peterson C. J. et Coats J. R. , 《Catnip essential oil and its nepe-

talactone isomers as repellents for mosquitoes》, in Paluch G. E. , Coats J. R. (éd.), *ACS Symposium Series*, Washington DC, American Chemical Society, 2011, p. 59-65.

[14] Podoll K. et Robinson D. , 《Lewis Carroll's migraine experiences》, *The Lancet*, vol. 353, no 1366, 1999.

[15] Rapin A.-J. , 《La "divine drogue" : l'art de fumer l'opium et son impact en Occident au tournant des xixe et xxe siècles》, *A contrario*, vol. 1, 2003, p. 6-31.

[16] Ruggiero M. A. , Gordon D. P. *et al.* , 《A Higher-Level Classification of All Living Organisms》, *PLOS ONE*, vol. 10, 2015, e0119248. Salavert A. , Zazzo A. *et al.* , 《Direct dating reveals the early history of opium poppy in western Europe》, *Sci. Rep.*, vol. 10, 2020, 20263.

[17] Schilperoord P. , *Plantes cultivées en Suisse-Le pavot*, 2017. 更多线上信息见 www.doi.org/10.22014/97839524176-e2.

[18] Shaw G. , Nodder F. P. *et al.* , *The Naturalist's Miscellany*, Londres, imprimé pour Nodder & Co. , 1803.

[19] Sheldrake M. , *Le monde caché. Comment les champignons façonnent notre monde et influencent nos vies*, Paris, éditions First, 2021.

[20] The Catalogue of Life: www.catalogueoflife.org/.

[21] Warolin C. , 《La pharmacopée opiacée en France des origines au xixe siècle》, *Revue d'Histoire de la pharmacie*, vol. 97, 2010, p. 81-90.

[22] Whittaker R. H. , 《New concepts of kingdoms of organisms》, *Science*, vol. 163, 1969, p. 150-160.

第 3 章

［1］ Allain Y.-M. ,Allorge L. *et al.* , *Passions botaniques-Naturalistes voyageurs au temps des grandes découvertes*, Rennes, éditions Ouest-France, 2008.

［2］ Chauvet M. , *Encyclopédie des plantes alimentaires*, Paris, Belin, 2018.

［3］ Gebely T. ,《Tea processing step : Oxidation》, *Tea Epicure*, 12 février 2019. 更多信息见 www. teaepicure. com/tea-leaves-oxidation/.

［4］ Racine J. , Camelliasinensis. *Thé*, *histoire*, *terroirs*, *saveurs*, Montréal, Les Éditions de l'Homme, 2016.

［5］ Renault M.-C. , *L'univers du thé. Histoire*, *botanique*, *santé*, *beauté*, *recettes*, Paris, Sang de la Terre, 2001.

［6］ Thinard F. , *Le grand business des plantes*, *richesse et démesure*, Toulouse, Plume de Carotte, 2015.

第 4 章

［1］ 美国玫瑰协会网站 :www. rose. org.

［2］ Campbell N. A. etReece J. B. , *Biologie*, Louvain-la-Neuve, De Boeck, 2004.

［3］ Caron Lambert A. , *Le Roman des roses. Les Carnets du jardin*, Paris, éditions du Chêne, 1999.

［4］ Couplan F. , *Les plantes-70 clés pour comprendre*, Paris, éditions Quae, 2017.

［5］ Daugey F. , *Les plantes ont-elles un sexe ?*, Paris, éditions Ulmer, 2015. 《Discovery of sexuality in plants》, *Nature*, vol. 131, 1933,

p. 392.

[6] Garcia J. E., Shrestha M. *et al*., 《Signal or cue：the role of structural colors in flower pollination》, *Curr. Zool.*, vol. 65, 2019, p.467-481.

[7] Glover B. J. et Whitney H. M., 《Structural colour and iridescence in plants：the poorly studied relations of pigment colour》, *Ann. Bot.*, vol. 105, 2010, p.505-511.

[8] Lemonnier D., *Le livre des roses. Histoire des roses de nos jardins*, Paris, Belin éditeur, 2014.

[9] 《Les fleurs hissent la couleur!》, 文章引自网站 Botanique Jardins Paysages：www. botanique-jardins-paysages. com/les-fleurs-hissent-la-couleur/.

[10] Parcy F., *L'histoire secrète des fleurs*, Paris, humenSciences, 2019.

[11] Pépy É.-A., 《Les femmes et les plantes：accès négocié à la botanique savante et résistance des savoirs vernaculaires（France, xvii-ie siècle)》, *Genre & Histoire*, automne 2018.

[12] 《Rose Classifications》, 文章引自网站：www. rose. org/single-post/2018/06/11/Rose-Classifications.

[13] Sala O., *Guide des roses* 180 *variétés anciennes et modernes*, Paris, Delachaux et Niestlé, 2000.

[14] 《Histoire de la domestication du rosier sauvage pour en faire la rose de nos jardins》, 文章引自 Société franc̜aise des roses：www. societefrancaisedesroses. asso. fr/fr/rosiers_et_roses/domestication _ rose. htm.

[15] 《The History of Roses. Our Rose Garden》, 文章引自 l'université

de l'Illinois：www.web.extension.illinois.edu/roses/history.cfm.

第 5 章

［1］ Anderson B., Johnson S. et Carbutt C.,《Exploitation of a specialized mutualism by a deceptive orchid》, *American Journal of Botany*, vol. 92, 2005, p.1342-1349.

［2］ 《*Angraecum sesquipedale* 》, 文章引自 Wikipedia：www.fr.wikipedia.org/wiki/Angraecum_sesquipedale.

［3］ Beccaloni G., *Wallace's Moth and Darwin's Orchid*, 2017. 更多信息见 www.doi.org/10.13140/RG.2.2.35778.38087.

［4］ Birkhead T. R. et Brennan P.,《Elaborate vaginas and long phalli：Post-copulatory sexual selection in birds》, *Biologist*, vol. 56, 2009, p.33-39.

［5］ Brennan P. L. R., Clark C. J. et Prum R. O.,《Explosive eversion and functional morphology of the duck penis supports sexual conflict in waterfowl》, *Proc. Roy. Soc. Lond. Ser.*, vol. 277, 2009, p.1309-1314.

［6］ Brennan P. L. R., Prum, R. O. *et al.*,《Coevolution of Male and Female Genital Morphology in Waterfowl》, *PLOS ONE*, vol. 2, 2007, e418.

［7］ Breton C.,《L'orchidée de Darwin》, *Espèces*, 2012.

［8］ Coker C., McKinney F. *et al.*,《Intromittent organ morphology and testis size in relation to mating system in waterfowl》, *The Auk*, vol. 119, 2009, p.403-413.

［9］ D'Ortenzio E., Yazdanpanah Y. *et al.*,《Coronavirus et Covid-19》, dossier d'information INSERM, 28 mai 2021. 更多信息见

www. inserm. fr/information-en-sante/dossiers-information/coro-
navirus-sars-cov-et-mers-cov.

[10] Galand P. , *Les jeux de l'amour* , *du hasard et de la mort. Com-portement animal et évolution* , Bruxelles , éditions Racine , 2011.

[11] 《What the Red Queen hypothesis and gene noise tell us aboutcoro-navirus》, 文章引自 Gene Learning: www. genelearning. ch/what-red-queen-hypothesis-and-gene-noise-tell-us-about-coronavirus/.

[12] Giraud M. , *Super Bestiaire* , Paris , Robert Laffont , 2013.

[13] Giraud T. etPenet L. , 《Le sexe, un outil dans la lutte séculaire contre nos parasites》, in Gouyon P. -H. (dir.) , *Aux origines de la sexualité* , Paris , Fayard , 2009.

[14] Johnson S. , Edwards T. *et al.* , 《Specialization for hawkmoth and long-proboscid fly pollination in Zaluzianskya section Nycterina (Scrophulariaceae)》, *Botanical Journal of the Linnean Society* , vol. 138 , 2002 , p.17-27.

[15] McCracken K. G. , Wilson R. E. *et al.* , 《Are ducks impressed by drakes' display?》, *Nature* , vol. 413 , 2001 , p.128.

[16] McKey D. et Hossaert-McKey M. , 《La coévolution entre les plantes et les animaux》, in Hallé F. (dir.) , *Aux origines des plantes. Des plantes anciennes à la botanique du* xxie *siècle* , tome 1 , Paris , Fayard , 2008.

[17] Monvoisin R. , 《La Reine rouge dans la roue du hamster》, *Espèces* , no 35 , 2020 , p.86-89.

[18] Muchhala N. , 《Nectar bat stows huge tongue in its rib cage》, *Nature* , vol. 444 , 2006 , p.701-702.

[19] Muchhala N. , Patricio M. V. et Luis, A. V. , 《A new species of anoura (Chiroptera: Phyllostomidae) from the ecuadorian andes》, *Journal of Mammalogy*, vol. 86, 2005, p.457-461.

[20] Rodríguez-Gironés M. A. et Llandres A. L. , 《Resource competition triggers the co-evolution of long tongues and deep corolla tubes》, *PLOS ONE*, vol. 3, 2008.

[21] Sander F. , *Reichenbachia : Orchids illustrated and described*, Londres/ New York, St Albans/F. Sander & Co, 1888.

[22] Strotz L. C. , Simões M. *et al*. , 《Getting somewhere with the Red Queen: chasing a biologically modern definition of the hypothesis》, *Biology Letters*, vol. 14, 2018.

图片版权

除以下插图外，所有插图版权均属阿加莎·利埃万-巴赞。

p. Ⅵ：Library of Congress，Rare Book and Special Collections Division；p. Ⅸ：lewiscarroll. net；p. Ⅺ：British Library/publicdomainreview. org；p. 4：iStock/Campwillowlake；p. 9：Shaw et Nodder，*The Naturalist's Miscellany*，1789-1813；p. 20：iStock/Campwillowlake；p. 32：iStock/powerofforever ；p. 35：iStock/Andrew_Howe；p. 41：Geoffroy et Cuvier，1825；p. 42：Bonnaterre，1789；p. 46 左：iStock/THEPALMER；p. 46 右：iStock/duncan1890；p. 47 左：iStock/NSA Digital Archive；p. 47 右：iStock/Nastasic；p. 50：iStock/ powerofforever；p. 52：iStock/benoitb；p. 54：iStock/powerofforever ；p. 61：Shaw et Nodder，*The Naturalist's Miscellany*，1789-1813；p. 62：Duncan et Jardine，*The Naturalist's Library*，1845；p. 65：© Bibliothèque nationale de France；p. 67：Wikimedia commons/CC0 1. 0/Madboy74；p. 70：iStock/ duncan1890；p. 72：Leach，*The Zoological's Miscellany*，1815；p. 80：iStock/ duncan1890；p. 82：iStock/THEPALMER；p. 86：Haeckel，*Les formes artistiques*，1899-1904；p. 89：Wikimedia Commons/CC0 1. 0；p. 92：biodiversitylibrary. org/ *Le monde de la mer*，1866；p. 96：biodiversitylibrary. org/*British and Irish Salmo-*